珠江水利委员会珠江水利科学研究院
水利部珠江河口治理与保护重点实验室
广东省河湖生命健康工程技术研究中心

U0343358

河湖长制长效治理模式
研究及实践

张心凤 李召旭 蒋 然 何 瑞 著

黄河水利出版社
·郑州·

图书在版编目（CIP）数据

河湖长制长效治理模式研究及实践 / 张心凤等著
. —郑州：黄河水利出版社，2022.3
ISBN 978-7-5509-3261-6

Ⅰ．①河… Ⅱ．①张… Ⅲ．①河流—综合治理—研究
—中国②湖泊—综合治理—研究—中国 Ⅳ．①TV882

中国版本图书馆CIP数据核字（2022）第055366号

出 版 社：黄河水利出版社　　　　　　　　　　　　网址：www.yrcp.com
　　　　　地址：河南省郑州市顺河路黄委会综合楼14层　　邮政编码：450003
发行单位：黄河水利出版社
　　　　　发行部电话：0371-66026940、66020550、66028024、66022620（传真）
　　　　　E-mail：hhslcbs@126.com
承印单位：河南新华印刷集团有限公司
开本：787 mm×1 092 mm　1/16
印张：10.5
字数：243千字
版次：2022年3月第1版　　　　　　　　　　　印次：2022年3月第1次印刷

定价：50.00元

前　言

江河湖泊是水资源的重要载体,是生态系统和国土空间的重要组成部分,是经济社会发展的重要支撑,具有不可替代的资源功能、生态功能和经济功能。河湖管理保护是一项复杂的系统工程,涉及上下游、左右岸、不同行政区域和行业。河长制起源于太湖蓝藻事件,由无锡市首创,随后在淮河流域、滇池流域的一些省市纷纷效仿,继而在全国范围内铺开。河长制是从河流水质改善领导督办制、环保问责制所衍生出来的水污染治理制度,是一种极具中国特色的河湖保护管理制度,在合法路径基础上实现制度创新、模式创新。

党的十八大以来,我国高度重视河湖管理保护工作。明确指出河川之危、水源之危是生存环境之危、民族存续之危,强调保护江河湖泊,事关人民群众福祉,事关中华民族的长远发展。水是生命之源、生产之要、生态之基。河长制发展至今,伴随着中央的推广和"五水共治"工程的推进,从一项应急处理措施升级为全国地方治水实践中的基础治理机制,成绩斐然。但也应该看到,即便是解决了过去河湖管护治理存在的诸多难题,但河长制在其实施过程中仍存在着诸如河长制治理能力有待提高、部门联动有待加强、基础工作有待夯实、工作措施有待实化、社会参与有待深化、科技手段有待强化、法制体系有待加强和河长制实施绩效考核有待完善等一系列问题。

在此背景下,基于对河长制的认识及其内涵的理解,本书从水文学、水资源、水环境、水法律等方面总结提出河长制的有关基础理论,从追责效应、协同效应和执行效应角度探究河长制作用的机制,从法律层面、行政层面和社会层面角度阐述河长制向水环境治理长效机制演化的路径,以"技术标准—行政管理—政策法律"为框架研究构建河长制多元支撑体系,努力推动河湖长制从"有名"向"有实"转变。

为顺利实现新时期河湖治理根本目标,加快推进河湖治理工作迫在眉睫。本书从水资源管理与保护、河湖水域岸线管理、水污染防治、水环境治理与保护、山水林田湖草系统治理等多方面总结探索河湖治理措施体系,使之综合组成一套完整体系,全面推进河湖长制落实绿色发展理念和生态文明建设内在要求。

河湖长制能否实现河湖的长效治理,完善其考核机制是关键。本书从河湖长制考核的必要性、考核评估机制路径、考核绩效评价体系等角度,尝试建立一套责任明确、协调有序、监管严格、保护有力的河湖长制绩效评价体系,真正将河湖长制长效治理工作落到实处、取得实效。

本书最后,选择推行河湖长制较好的江西省、江苏省和广东省作为实际案例,从河湖概况、存在问题及分析、运用措施手段、取得成效和总结经验等方面给出范例,各地在推行河湖长制的过程中,方便以此作为参考。

全书共分为6章,第3、4章由张心凤编写,第1、2章由李召旭编写,第5章由蒋然编写,第6章由何瑞编写。全书由李召旭统稿,张心凤定稿。

本书出版得到了广州市科技计划项目"广州市界河河长制长效保障机制研究"(201904010158)资助。

河湖长制长效治理问题是当前河湖治理研究的热点和难点问题,由于编者水平所限,书中不足乃至错误之处在所难免,恳请广大读者批评指正。

作 者

2021年8月

目　录

第1章 河湖治理现状及面临的形势

1.1 我国的江河湖泊概况

中国有许多源远流长的大江大河,是世界上河流最多的国家之一。其中,流域面积超过100 km²以上的河流有5万多条,流域面积超过1 000 km²的河流就有1 500多条,流域面积超过10 000 km²的河流有79条。河流作为地理气候的产物,存在很大差异。从补给水源来看,我国的江河有雨水、地下水、高山冰雪融水、季节积雪融水,以及各种混合补给类型的河流;从江河水力状况来分,有长年流水的河流和季节性河流;从江河之水最终的归宿来分,有外流河和内流河。

中国外流河区域与内流河区域的界线大致是:北段大体沿着大兴安岭—阴山—贺兰山—祁连山(东部)一线,南段比较接近于200 mm的年等降水量线(巴颜喀拉山—冈底斯山),这条线的东南部是外流区域,约占全国总面积的2/3,河流水量占全国河流总水量的95%以上,内流区域约占全国总面积的1/3,但是河流总水量还不到全国河流总水量的5%。外流河由南到北分布有七大水系,分别为珠江水系、长江水系、黄河水系、淮河水系、辽河水系、海河水系和松花江水系。此外,还有桂南粤西沿海诸河、东南沿海诸河、山东半岛诸河、冀东沿海诸河、辽西诸河、辽东半岛诸河以及台湾岛、海南岛诸河等中小河流直接入海。这些沿海河流的主要特征是:流域面积不大,源短流急,水量丰富。内流河主要分布在中国北部的内蒙古高原,西北的河西走廊、柴达木盆地、新疆的大部分地区,以及西藏的藏北高原。此外,东北的松嫩地区也有局部的内流区域;位于新疆的塔里木河,不仅是中国最大的内陆河,也是世界上最长的内流河之一。

中国湖泊众多,共有湖泊24 800多个,其中面积在1 km²以上的天然湖泊就有2 800多个。湖泊数量虽然很多,但在地区分布上很不均匀。总的来说,东部季风区,特别是长江中下游地区,分布着中国最大的淡水湖群;西部以青藏高原湖泊较为集中,多为内陆咸水湖。外流区域的湖泊都与外流河相通,湖水能流进也能排出,含盐分少,称为淡水湖,也称为排水湖。中国著名的淡水湖有鄱阳湖、洞庭湖、太湖、洪泽湖、巢湖等。内流区域的湖泊大多为内流河的归宿,湖水只能流进,不能流出,又因蒸发旺盛,盐分较多形成咸水湖,也称为非排水湖,如中国最大的湖泊青海湖及海拔较高的纳木错等。

水是生命之源,是人类生存和社会发展必不可少的基础性和战略性资源。我国国土辽阔,地形复杂,人口众多,水资源分布不均匀,属于人均水资源极其贫乏的国家。我国多年平均径流总量约为28 000亿m³,约占全球水资源量的6%,仅次于巴西、俄罗斯和加拿大,名列世界第四位。但我国人均年径流量只有约2 670 m³,仅为世界平均水平的1/4。随着经济的快速发展、城镇化和工业化进程推进,我国用水需求量快速增加。以现行用水方式推算,我国到2030年用水最高峰期将达8 800亿m³,将超过水资源、水环境承载力极限。同时,河湖水污染日益严重,加剧了我国水资源短缺的矛盾。因此,加强河湖水资源保护和解决河湖水污染问题,已成为我国迫在眉睫的任务。

1.2　河湖治理现状及存在的问题

1.2.1　河湖治理发展历程

我国是一个有着悠久治水历史的国家,几千年来,除水之害、兴水之利的治水活动一直与经济发展和社会进步相辅相成,互为促进。一方面,治水的成效不断改善着我们的生存环境,保障和促进了经济的发展、社会的稳定和文明的进步;另一方面,随着经济发展和社会进步,水治理体系日趋走向成熟,治水技术、建设能力和管理水平也不断提升。

鸦片战争后的100年,中国陷入内忧外患的动荡时期,与此相对应,水治理能力不断衰落,水安全状况持续恶化。

中华人民共和国成立后,整治江河和兴修水利已成为社会稳定和经济发展的迫切需要。中华人民共和国成立后,治水主要经历了以下几个时期:一是以江河洪涝灾害治理为重点的时期(1949~1957年);二是以农田水利建设为重点的改善农业生产条件时期(1958~1990年);三是以流域治理为重点的新一轮水利建设高潮时期(1991~2012年);四是综合治理时期(2012年至今)。概括起来,中华人民共和国成立以来河湖治理发展历程呈现以下几个显著特点。

1.2.1.1　从工程建设到建管并重

中华人民共和国成立以来,我国先后掀起三次大规模水利建设高潮,这一时期,江河防洪标准偏低,人民生命财产安全保障不足是治水面临的主要矛盾,治水总体呈现以建设为主的特征。中华人民共和国成立之初的三年恢复和第一个五年计划期间(1949~1957年),掀起了第一次水利建设高潮,使包括淮河、海河、长江在内的主要江河防洪体系基本形成。20世纪六七十年代掀起了以农田水利建设为重点的第二次水利建设高潮,兴建了大批水库、塘坝、灌区,建成集中连片旱涝保收和高产稳产农田,极大地提升了农业生产条件。20世纪90年代掀起了以大江大河流域治理为重点的第三次水利建设高潮,淮河、太湖、长江等重要江河湖库的防洪标准逐步适应经济社会发展需求。进入21世纪,随着长江三峡、南水北调、小浪底等重大工程相继开工,重大水利工程建设上马不再密集,水利工作重点开始逐步转向水利管理。2002年《中华人民共和国水法》修订颁布,依法实施水资源管理、河湖管理和水利工程管理,推动水利各项管理工作逐步走向规范。

1.2.1.2　从行政管理到依法管理

中华人民共和国第一部《中华人民共和国水法》诞生于1988年,在此之前水利工程建设和管理主要依赖行政手段,即政府主导,自上而下管理。毛泽东"一定要把淮河修好""要把黄河的事情办好"等指示对大江大河治理起到了关键性作用。国家政务院1950年做出的关于治理淮河的决定成为推动淮河治理的总方针和行动纲领。行政管理手段有助于发挥社会主义制度的优越性,使需要集中相当多人力、物力和财力才能做成的水利事业顺利开展,并在较短时间内取得突破性成效。行政管理至今仍然是水利管理的重要手段。1988年《中华人民共和国水法》颁布，2002年新《中华人民共和国水法》修订颁布，涉水管理开始步入依法管理轨道。经过多年努力，我国已建立以《中华人民共和国水法》、《中华人民共和国防洪法》为核心，多层次、相互配套的较为完备的水法规体系，在水利工程建设、防洪减灾、农田水利建设、水资源管理、河湖管理等各领域都建立了较为完善的法规制度。依法管理不仅包括对水利工程建设、水资源、河湖的管理，也包括对涉水行为的规范管理，使得水利管理领域向全社会拓展、由行业管理向社会管理延伸。

1.2.1.3 从传统管理到综合治理

由传统管理到综合治理的转变，是中国特色社会主义进入新时代后治水的显著特点。管理从主体来看，主要是各级政府，体现为自上而下的单向性和强制性。治理从主体来看，不仅包括政府还包括社会组织和个人，从治理对象来看，不仅包括社会也包括各级政府，更多体现为合作性和包容性。党的十八大特别是十八届三中全会以后，按照国家治理体系和治理能力现代化要求，遵循"节水优先、空间均衡、系统治理、两手发力"的十六字治水思路，我国切实转变治水理念，加强治水领域的综合治理、系统治理、源头治理和依法治理，逐步构筑起现代水治理体系框架，推动治水由传统管理迈入综合治理新阶段。

1.2.2 河湖治理现状

水资源作为与人们生产生活息息相关的宝贵资源，直接影响着国民经济的稳定和可持续发展；水资源问题已成为21世纪危及全球的重大国际问题。河湖水系是水资源的重要载体，在改善气候条件、维系生态系统功能、调蓄水量和保障供水等方面发挥着至关重要的作用。随着工业化和城镇化的发展，河湖污染日益严重。面对河湖污染危机，加快推进河湖治理，已经成为改善河湖生态健康和实现保护水资源的重要举措，是实现人水和谐的必由之路。目前，世界各国都非常重视水资源的开发、利用和保护。

我国现代化建设长期采用高投入和高消耗的传统经济发展模式，导致我国河湖污染问题较为严重，尤其是很多城市的水体污染问题最为突出；农业生产和工业生产中排放的污水，如果不选择科学合理的方式予以改进，将会导致这一问题愈加严重。近年来，河湖水污染治理问题逐渐受到人们的关注，发展低碳经济和加强水环境治理的理念深入人心，迫切需要推动河湖治理新技术和新工艺的应用，有效提升河湖污染治理成效，推动社会和谐、稳定发展。近年来，我国先后出台了一系列新政策和新举措，以加快和提高河湖治理效率和水平，主要包括以下内容：

（1）落实最严格水资源管理制度，建立河湖生态流量保障机制。

河湖生态流量是维系河湖生态健康的基本要素，近年来，我国先后印发实施一系列政策文件，对河湖生态流量保障提出明确要求。2012年国务院印发《关于实行最严格水资源管理制度的意见》，提出"开发利用水资源应维持河流合理流量和湖泊、水库以及地下水的合理水位，充分考虑基本生态用水需求，维护河湖健康生态"。2015年党中央、国务院《关于加快推进生态文明建设的意见》明确要求"研究建立江河湖泊生态水量保障机制"；国务院印发的《水污染防治行动计划》提出"采取闸坝联合调度、生态补水等措施，合理安排闸坝下泄水量和泄流时段，维持河湖基本生态用水需求，重点保障枯水期生态基流"。

2016年国家发展和改革委员会会同水利部等部门联合印发《耕地草原河湖休养生息规划（2016—2030年）》，提出"科学确定河湖生态流量，核定重要江河湖泊生态流量和生态水位，将生态用水纳入流域水资源配置和管理。以流域为单元，加强江河湖库水量和水质管理，合理安排重要断面下泄水量，维持河湖合理生态用水需求，重点保障枯水期生态基流"。2020年水利部印发《关于做好河湖生态流量确定和保障工作的指导意见》，提出"切实依法加强河湖生态流量管理"。十八大以来，我国河湖生态流量保障取得了积极成效。截至2020年年底，已制定215条跨省和省区重点河湖生态流量保障目标，完成235条江河水量分配任务，保障了重点区域供水安全，河湖生态状况得到初步改善。

（2）实施水污染防治行动计划，持续改善河湖水环境质量。

自2015年4月国务院发布实施《水污染防治行动计划》（简称《水十条》）以来，在党中央、国务院的坚强领导下，生态环境部会同各地区、各部门，以改善水环境质量为核心，出台配套政策措施，加快推进水污染治理，落实各项目标任务，切实解决了一批群众关心的水污染问题，全国河湖水环境质量总体保持持续改善势头。

一是全面控制水污染物排放。截至2018年年底，全国城镇建成运行污水处理厂4 332座，污水处理能力1.95亿m³/d。累计关闭或搬迁禁养区内畜禽养殖场（小区）26.2万多个，创建水产健康养殖示范场5 628个。

二是全力保障水生态环境安全。推进全国集中式饮用水水源地环境整治，1 586个水源地6 251个问题整改完成率达99.9%，搬迁治理3 740家工业企业，关闭取缔1 883个排污口，5.5亿居民的饮用水安全保障水平得到提升。36个重点城市（直辖市、省会城市、计划单列市）1 062个黑臭水体中，1 009个消除或基本消除黑臭，消除比例达95%，周边群众幸福感明显增强。11个沿海省份编制实施省级近岸海域污染防治方案，推进海洋垃圾（微塑料）污染防治。

三是联动协作推进流域治污。全面建立河湖长制，全国共明确省、市、县、乡四级河长30多万名、湖长2.4万名。组建长江生态环境保护修复联合研究中心，长江经济带11省（市）及青海省编制完成"三线一单"（生态保护红线、环境质量底线、资源利用上线和生态环境准入清单）。赤水河等流域开展按流域设置环境监管和行政执法机构试点。新安江、九洲江、汀江——韩江、东江、滦河、潮白河等流域上下游省份建立横向生态补偿试点。

监测数据显示，2018年，全国地表水国控断面水质优良（Ⅰ～Ⅲ类）、丧失使用功能（劣Ⅴ类）比例分别为71.0%、6.7%，分别比2015年提高6.5个百分点、降低2.1个百分点，水质稳步改善。但是，水污染防治形势依然严峻，在城乡环境基础设施建设、氮磷等营养物质控制、流域水生态保护等方面还存在一些突出问题，需要加快推动解决。

（3）逐步扩大重点流域治理范围，不断推进"四位一体"河湖治理总路线。

"十三五"时期，我国河湖规划治理范围首次覆盖全国十大水资源一级区，"十二五"规划的太湖、巢湖、滇池、三峡库区及其上游、丹江口库区及上游、长江中下游等流域按照汇水关系一列入长江流域，黄河、松花江、淮河、辽河、海河等流域边界与水资源一级区衔接，流域范围边界略有增加或调整。在"十二五"规划以县级行政区为基本单元的基础上，"十三五"规划进一步精确到以乡镇级行政区为基本单元，将全国划分为1 784个控制单元，并与1 940个考核断面建立一一对应关系。

在持续扩大重点流域治理范围的基础上,不断推进"质量—总量—项目—投资""四位一体"河湖治理总路线。该总路线一直是重点流域规划治污的总体思路。其中,"质量"表现为列入规划中的规划断面并对断面设置水质目标;"总量"表现为流域总量控制目标并分解到相关省份;"项目"是为落实规划目标和任务而设置各种类型的水污染防治项目,不同阶段水污染防治项目的类型有不同的侧重;"投资"是实施各种治理项目所需投入的资金。该总路线能够有效保障顺利推进河湖治理工作,将持续改善河湖水环境和水生态环境质量落到实处。

(4)分区控制河湖流域管理,分级保护河湖流域水质目标。

流域分区管理是美国、欧洲等流域治理的主要经验和做法,我国自"九五"计划开始就建立起了控制单元分区管理体系。我国"十二五"规划在8个流域全面建立流域—控制区—控制单元三级分区体系,根据水资源分区、自然汇流特征和行政区界,以县级行政区为基本单元,划分了37个控制区、315个控制单元。依据各控制单元污染状况、质量改善需求和风险水平,确定118个优先控制单元,分水质维护型、水质改善型和风险防范型三种类型实施分类指导,有针对性地制订控源减污、生态修复、风险防范等措施。"十三五"规划流域、水生态控制区、水环境控制单元的三级分区第一次形成覆盖全国国土面积,共划分341个水生态控制区、1 784个控制单元,其中包括580个优先控制单元和1 204个一般控制单元,因地制宜地采取水污染物排放控制、水资源配置、水生态保护等措施。与"十二五"规划相比,控制单元总个数约增加了4倍,流域分区、分级、分类的针对性管控措施进一步强化,精细化管理水平进一步提升。

优先保护高功能水体和水质良好水体、限期改善污染严重水体水质、逐步恢复水体使用功能,是河湖五年规划治理水质目标确定的重要经验。《水十条》抓两头、带中间,明确到2020年七大重点流域Ⅰ~Ⅲ类断面比例总体达到70%以上。发达国家经验表明,水环境治理是一个长期的过程;2017年我国1 940个国控地表水断面中劣Ⅴ类161个,占8.3%;相比1998年劣Ⅴ类断面比例下降25.6个百分点,由此推断要消除丧失使用功能的水体在我国还需要一段时间。要实现2035年的美丽中国目标还需要继续加大污染减排力度和提升水质。

(5)实施河湖水污染专项整治,逐步完善河湖治理指标考核体系。

2009年国务院印发《重点流域水污染防治专项规划实施情况考核暂行办法》(国办发〔2009〕38号),同年环境保护部印发《重点流域水污染防治专项规划实施情况考核指标解释(试行)》(环办函〔2009〕445号),标志着重点流域规划实施情况的评估与考核工作进入制度化阶段。"十一五"时期考核高锰酸盐指数和化学需氧量指标,淮河增加氨氮、"三湖"(太湖、滇池、巢湖)增加总氮、总磷指标;受当时监测能力的限制,《地表水环境质量标准》(GB 3838—2002)表1中的其他指标不予以考核。"十二五"时期依据《地表水环境质量评价办法》(环办〔2011〕22号),考核《地表水环境质量标准》(GB 3838—2002)表1中除水温、总氮、粪大肠菌群以外的21项指标,关注水环境质量的全面改善。15年间考核断面数量逐步增加,"十一五"期间157个,"十二五"期间423个,"十三五"期间增加到1 940个。

责任落实方面,越来越强调环境目标责任制,从以前的"有总量、无控制""有目标、不达标"向一岗双责、党政同责、企业担责转变。"十三五"时期建立了质量优先与兼顾任务相结合的考核体系。2016年12月,环境保护部联合10部委印发《水污染防治行动计划实施情况考核规定(试行)》,确立了以水环境质量改善为核心、兼顾重点工作的考核思路。由环境保护部统一协调和负责组织实施,按照"谁牵头、谁考核、谁报告"原则和"一岗双责"要求,明确各牵头部门负责牵头任务的考核,并由原环境保护部汇总做出综合考核结果。其中,水环境主要指标包括地表水Ⅰ~Ⅲ类断面比例和劣Ⅴ类水体控制比例、地级及以上城市建成区黑臭水体控制比例、地级及以上城市集中式饮用水水源水质达到或优于Ⅲ类比例、地下水质量极差控制比例、近岸海域水质一、二类比例等五个方面。水污染防治重点任务对《水十条》所有可以量化的目标进行了筛选,重点选择了对水环境质量改善效果显著的任务措施,包括水资源、工业、城镇生活、船舶港口、农业农村、水生态环境、科技支撑、各方责任等8项指标20款。对各省进行考核综合评分时,首先以水环境主要指标的评分结果划分等级(优秀、良好、合格、不合格);然后以任务评分进行校核,任务评分大于60分(含),水环境主要指标评分等级即为综合考核结果;任务评分小于60分,水环境主要指标评分等级降一档作为综合考核结果。

(6)打好水污染防治攻坚战,扎实推进河湖长制治理体制。

河湖水环境治理与保护是一项系统工程,需要统一部署、专人负责、协同治理、高效运行。由江苏率先推行并在全国推开的河长制是一项重要的河湖水环境治理保护行动。河长制是由各级党政主要负责人担任"河长",负责组织领导相应河湖的管理和保护工作。其目的在于通过各级行政力量的协调、调度,有效管理水环境,有力解决河湖水污染问题。2016年12月,中共中央办公厅、国务院办公厅印发《关于全面推行河长制的意见》(简称《意见》),就全面推行河长制提出指导性意见。《意见》提出了包括指导思想、基本原则、组织形式、工作职责在内的总体要求,明确了河湖管理保护的六项工作任务及四项保障措施。推行河长制是治理水环境、修复河湖生态的有效举措,是完善水治理体系、保障水安全的制度创新。2017年11月20日,中共中央办公厅、国务院办公厅发布《关于在湖泊实施湖长制的指导意见》,为进一步加强湖泊管理保护工作、改善湖泊生态环境、维护湖泊健康生命和实现湖泊功能永续利用提供了重要制度保障。

截至2018年年底,我国所有省份河长湖长组织体系全面建立,省、市、县、乡四级设立河长湖长30多万名,29个省份将河长体系延伸至村,聘请了村级河长或巡河员90多万名,省、市、县三级均设置了河长制办公室。各省份全面开展河湖治理,大部分处于从"有名"转向"有实"阶段。各地河长湖长积极履职,按照要求组织开展河湖"清四乱"、水污染防治、黑臭水体整治、采砂专项执法检查、河湖管理范围划定等工作,市、县级河长办基本能够按照省专项行动部署,对突出问题进行挂牌督办,一些长期积累下来的河湖顽疾得到初步治理。个别省份河湖治理成效显著,河湖主要问题得到解决,河湖水体治理、河湖水域岸线保护、河湖生态综合修复等方面取得成效,河湖水环境得到明显改善,境内河流初步实现了河畅、水清、岸绿、景美目标,为群众提供了优美的河湖生态环境产品。实践证明,河长制的实施,抓住了河湖治理的"牛鼻子",找到了河湖治理的"金钥匙"。随着河长制这一重大制度创新在全国范围内落地生根,我国河湖水环境治理效果和水生态修复作用日益显现。全面推行河长制是解决我国复杂河湖治理难题、维护河湖生命健康的有效举措。

1.2.3　河湖治理技术

目前,河湖水体污染已经违背了我国绿色生态的发展目标,背离了可持续发展的理念,严重威胁着生态安全。因此,河湖水体的生态治理已经迫在眉睫,污染水的净化及河道生态的修复是我国可持续发展的必要课题。要治理受污染的河道和湖泊,采取行之有效的河湖水生态修复技术或措施是关键。

1.2.3.1　水生态修复技术

随着我国经济社会的不断发展,城镇化进程加快,各行业用水量急剧增大,各类污染物大量被排入河流和湖泊,造成河湖水生态环境质量急剧下降,严重威胁河湖水体安全;部分河湖由于底泥淤积严重,生态环境受到严重破坏,生态系统出现逆向演替的过程,严重影响周边居民的生产生活,成为制约我国经济社会和生态环境协调发展的突出问题。由此,各种河湖污染治理及生态环境改善的应用技术便应运而生,其中针对河湖水质改善的水生态环境修复技术由于其绿色环保,成本低,不产生二次污染而受到重视,展现出广泛的应用前景。

河湖水生态修复技术主要是根据物理、化学、生物、生化和生态学等原理,对受污染水体进行净化,其作用主要是通过转化、降解、分解、吸收水中的污染物等一系列过程,从而达到水生态修复的目标。总体上讲,我国河湖水生态修复工作虽起步较晚,但发展迅速,相继开展了许多研究与实践活动,受到社会各界的重视。河湖生态修复技术种类繁多,从技术原理上可分为物理修复技术、化学修复技术和生物-生态修复技术。

1.物理修复技术

物理修复技术主要包括曝气复氧、截污分流、引水冲污、机械除藻底泥疏浚等修复治理措施。

1)曝气复氧

曝气复氧是指向水体连续或间接地通入空气或纯氧,加速水体的复氧过程,提高溶解氧含量,增强好氧微生物的活性,从而达到改善河道水质的目的。较常用的曝气复氧技术包括微孔曝气、叶轮吸气推流式曝气、水下射流曝气和纯氧曝气等,该技术对消除河道黑臭有较为显著的效果,具有操作简便、成本低和见效快等优势,发展前景广阔。熊万永等对福州白马支河进行曝气治理研究,基本上消除了黑臭现象。英国泰晤士河、澳大利亚斯旺河、中国北京的清河和上海上澳塘采用曝气技术治理污染河段均取得了较好效果。

2)截污分流

对各种各类污水进行拦截是河湖治理的前提,主要包括周边排污企业的整治、生活污水的处理、堤岸渗滤带的构建和雨污水管道的分流等。对污水进行拦截秉承“从源头治理”的理念,从源头上控制污染物不进入正常的河湖区域,从根本上解决了河湖水体再污染的问题。但是,截污分流真正实施起来工程量大,难度高,需要政府部门的管理及相关企业的配合。

3)引水冲污

引水冲污是以洁净水体置换或稀释原有被污染水体,降低水中污染物的浓度,增加水体的溶氧量,提高水体的自净能力,从而达到降低水体污染的目的。例如,牛栏江—滇池补水工程,就是在提高昆明市应急供水保障能力的同时,还能有效增加滇池水资源总量,提高水环境容量,加快河湖水体循环和交换,改善滇池水环境。可以说,牛栏江—滇池补水工程在滇池外海水质从劣 V 类向 V 类提升转变这一可喜变化中起到了至关重要的作用。引水冲污只能转移或稀释污染物,难以从根本上解决污染问题,费用较高,因此目前较少采用该方法治理河道水体污染。

4)机械除藻

机械除藻技术主要包括机械捞藻、气浮除藻、超声波除藻及曝气混合法等,该技术可有效缓解水体富营养化等问题。最新研究表明,机械联合除藻工艺对水中藻类的去除具有显著效果。其中,聚硅铝铁－凹凸棒石工艺对叶绿素 a 的去除率可高达 99.43%,聚硅铁锌－陶瓷膜工艺对叶绿素 a 的去除率可高达 99.38%。

5)底泥疏浚

河道底泥是污染物迁移转化的载体和储存库,在外源污染物得到控制后,沉积物成为主要污染源。底泥中的有机物在微生物的作用下分解,产生 H_2S 气体,使水体变得黑臭。底泥疏浚可将沉积物转移外运,减少底泥中污染物向水体释放。底泥疏浚在工程上有较多案例,如 1999 年对太湖流域 1 406 km 河道进行了清淤,草海 I 期工程的疏浚工程量达 400 万 m^2,共去除 TN(总氮)约 3.96 万 t 和 TP(总磷)0.79 万 t。目前较为先进的设备是绞吸式挖泥船,配以自动控制和监视系统,以管道抽吸的方式清除底泥,有很高的精确度。同时,底泥疏浚存在工程量大、费用高和极易破坏河流原有生态系统等弊端。图 1-1 为底泥疏浚及淤泥处理处置示意图。

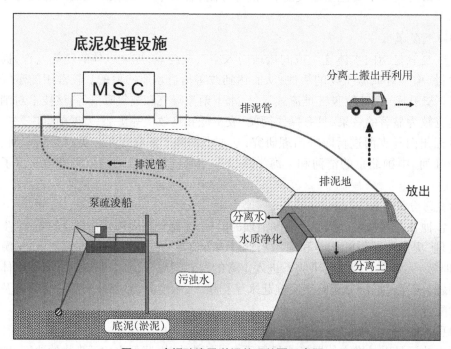

图 1-1　底泥疏浚及淤泥处理处置示意图

2.化学修复技术

化学修复技术在河道污泥处理应用方面已经较为成熟,但在地表水污染治理中,因化学药剂的投放剂量难以控制,还未得到普遍应用。若化学药剂投放量不当,可能会造成水体的二次污染,故该技术一般只作为应急措施使用。常用的化学修复技术主要有化学除藻和化学固定等。

1)化学除藻

化学除藻技术是向富营养化的水体中投除藻剂,通过混凝沉淀或化学氧化等方式除藻,常见的化学除藻剂有纳米TiO_2、高锰酸钾、聚合氯化铝和臭氧等。缪柳研究发现,在投加包含铜盐与铝盐的复合除藻剂10 d后的除藻率为80%。化学除藻具有速度快、操作简单和短期内可提高水体透明度等优势,但除藻剂的投加易导致二次污染,生物富集和放大作用可能破坏生态系统。

2)化学固定

化学固定技术是向污染水体中投加化学药剂,将磷或重金属沉淀于底泥中的技术。余光伟等指出,用石灰将pH值调至8~9,水体中的重金属去除率可达85%~98%;林建伟等指出,$Ca(NO_3)_2$可有效降解底泥中的有机质,抑制底泥中磷的释放。化学固定技术具有工艺简单、见效快和可有效抑制底泥释放造成的内源污染等优势,但化学固定剂的投加同样会对环境生态系统产生不良影响。

3.生物-生态修复技术

生物-生态修复技术是人工培养、接入微生物或培育水生植物和水生动物,充分运用生态系统能量流动和物质循环动态平衡的原理,吸收、降解、转化及转移水体中的污染物,净化水质的技术。这项技术能够使水体自净能力得到提升和强化,而且具有处理范围广、污染物去除率高、时间短、实施成本相对较低、低耗能甚至不需能耗、运行成本低等优点。常用的生物-生态修复技术包括以下几种方法。

1)土地处理技术

土地处理技术是借助土壤-微生物-植物生态系统,对废水中的污染物进行物理、化学和生物净化,从而实现废水资源化、无害化和稳定化的方法。该技术包括慢速渗滤、快速渗滤、地表漫流、湿地处理和地下渗滤处理这5种系统类型。宿程远等系统地研究了土地处理技术对COD、NH_4^+-N及总氮(TN)的去除情况。研究发现,高有机负荷条件下,对COD和NH_4^+-N的去除率分别达到了99.2%和99.1%,但对TN的去除率仅为29.9%。土地处理技术的运营成本较低,且能够实现废水中COD和NH_4^+-N的高效去除,故适用于处理畜禽养殖污水。但随着环保政策的日趋严格,如何提升该技术TN的去除率或将成为该技术亟待解决的重要技术问题。

2)人工补植技术

近年来,人工补植技术被逐渐用于地表水体污染治理工程中,且取得了较为显著的成效。该技术常与生态护岸技术相结合,通过试验选取适宜当地生长的植物种类,并采用相适的灌溉方式,在修复河岸生态的同时,达到去除地表水中污染物的目的。宁夏回族自治区阳洼流域水利风景区就是该项技术应用的典范案例。

3）生态塘处理技术

生态塘处理技术是在塘中种植水生植物的同时,养殖水产、水禽形成人工水生生态系统,以太阳能为原始动能,通过食物链的物质迁移和能量流动将地表水中的污染物降解和转化。该技术可直接利用有低洼或堤坝的中小河流(或水塘)中的水。该技术在国内外有许多应用案例,如德国Hattignen污水处理系统、山东东营生态塘处理系统和苏杭龙泓涧生态塘等。

4）生物除藻技术

生物除藻技术一般包括水生动物除藻、植物除藻和微生物除藻等3类技术方法。其中,微生物除藻主要依靠溶藻细菌的作用,可实现直接接触溶藻或间接溶藻。实践证明,利用溶藻细菌制备低成本、低污染的生物杀藻剂是可行的。随着该技术的不断成熟,将成为未来生物除藻技术发展的热门方向。

5）微生物强化技术

通过人工培育驯化某一类污染物菌群,利用投菌法按一定比例投加到受污染的河湖中,或是通过加入"生物促进剂",来促进河道中原有土著微生物的生长。该技术中使用的微生物菌剂可以是外源的,也可以是经富集和培养后的原始水体微生物菌剂。该项技术具有经济、实用性强、对环境的影响较低和不易发生二次污染等特点,将成为生物强化技术的核心研究方向之一。

6）人工湿地处理技术

人工湿地处理技术是在满足河道防洪要求的情况下,人为地在有一定长宽比和底面坡度的洼地上用土壤和填料(如砾石、第三代活性生物滤料等)混合组成填料床,使污水在床体的填料缝隙中流动或在床体表面流动,并在床体表面种植具有性能好,成活率高,抗水性强,生长周期长,美观及具有经济价值的水生植物(如芦苇,蒲草等)形成一个独特的动植物生态体系。人工湿地可以充分利用生物代谢或微生物与生物的吸收、吸附,以及沙土、沙石、砾石降解污染物,由此发挥净化河湖水体的功能。该技术优点是成本低、效果好、使用寿命长、抗冲击负荷效能强等,但缺点是占地面积大,应设法提高系统的水力负荷。今后需进一步优化复合型人工湿地处理效率模型,提高其对水体中病原体的去除能力。图1-2为表面流人工湿地示意图。

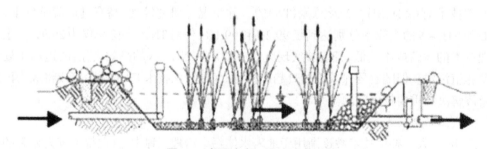

图1-2　表面流人工湿地示意图

1.2.3.2 "数字流域"技术

当前全国河湖水环境质量不容乐观,随着污染不断加剧,传统河湖治理技术与材料已经无法满足治理需要,基于3S(遥感技术,RS;地理信息系统,GIS;全球定位系统,GPS)技术的"数字流域"技术所涉及的数字河湖生态环境监测可以获取传统监测手段所无法取得的更多信息,已成为目前国内外河湖治理的重要手段。以GIS为核心的高分辨率RS影像与GIS、GPS的集成,使得人们能够实时采集、处理、更新及分析数据,3S技术集成分析是必然发展趋势。河湖生态环境监测进程中的3S技术在实际应用中要通过数据接口将RS、GIS、GPS严格地、紧密地、系统地集合起来,使其成为更具有应用价值的大系统。基于3S技术的"数字河湖"技术已经在河湖治理中发挥重要作用。

1.遥感技术(RS)

对水体来说,水的光谱特征主要是由水本身的物质组成决定的,同时又受到各种水状态的影响。水中光、水面反射光、天空散射光共同被空中探测器所接收,探测结果是波长、高度、入射角、观测角的函数,其中前两部分包含有水的信息,因而可以通过高空遥感手段探测水中光和水面反射光,从而获得水色、水温、水面形态等信息,并由此推测有关浮游生物、混浊水、污水等的质量和数量及水面风、浪等有关信息。遥感技术在河湖治理中的应用研究需做好以下两个方面的工作:

(1)要不断深化对常规污染物指标的光谱特性研究,比如可溶性有机物、COD、总氮等,完善水环境遥感监测指标体系,最终形成系统的遥感技术方法和规范。

(2)建立与影像获取时间同步的实地水环境监测参数的数据库,以利用遥感技术更好地对水环境进行定量分析。同时,随着在开发新型水环境监测传感器、提高传感器精度及复杂数据分析处理技术等方面研究的深入,水环境遥感监测技术一定能够再上一个新的台阶。

2.地理信息系统(GIS)

GIS应用于河湖治理,主要是对水质数据、供水部门数据及遥感数据进行管理与分析等。上海市环境管理部门于20世纪80年代末开始GIS的应用研究,并建立了黄浦江流域水环境地理信息系统,系统具有动态监测显示功能,可对水质做出快速预测分析和预报,是国内较早将GIS技术应用于河湖水环境治理的城市。

目前,GIS与计算机水域模型(watershed model)的结合已成为动态评估城市水环境的强有力工具。由于GIS能够分析河湖水文、地质、地貌、植被、土壤等环境数据,并将它们与特定应用程序相关联,从而对复杂的水环境问题进行综合分析,因此GIS在该领域的应用研究非常多。

GIS还可应用于河湖流域农业非点源污染、地表水面源及径流污染、水污染(包括地下水)防治、管理及污染信息管理系统构建。农业非点源污染包括农业非点源污染信息数据库建立、氮磷负荷估算、模拟、控制区划、风险评估及风险区识别等。地表水面源及径流污染包括水库和地表水面源污染负荷、水质污染监测、径流污染物量化及污染追踪等。另外还用于地下水污染动态及风险评价、水污染防治规划、水污染区划及信息管理系统构建,如构建水污染管理及控制决策支持系统、水质预警预报系统。

3.全球定位系统(GPS)

对河湖水环境的监测与治理,宏观方面可建立GPS控制网,在控制网的基础上,进行像控点测量,为航空遥感像片的定向提供加密点,用于宏观区域和重点区域污染情况的采集、提取;在微观方面,可利用GPS技术监测河流沟头前进速度、沟底下切速度、沟缘线后退速度,监测典型样点污染情况。

目前,我国对海量水环境信息数据的处理分析能力还不够,在相关研究中,GIS主要用于河湖流域要素特征描述、系统评价、格局演变、模型构建等方面,虽然有较多的动态监测和预测研究,但虚拟现实与三维可视化技术在河湖流域水环境治理研究中应用较少,需要通过与3S和现代数学分析等技术的结合,实现对水环境数据信息的充分掘取,以进一步加强GIS、RS、GPS等高新技术在水环境研究新技术中的应用,拓展水环境研究的信息丰度、提高数据信息的分析效率和成果决策的支持能力。图1-3为基于3S技术环境污染监测系统流程示意图。

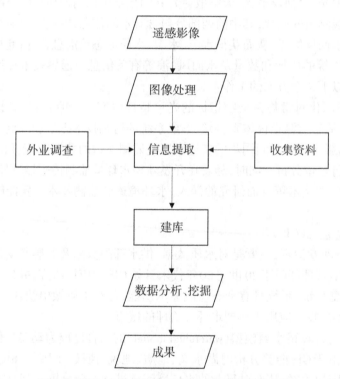

图1-3　基于3S技术环境污染监测系统流程示意图

1.2.3.3　河湖治理"新技术"

进入21世纪以来,生态河湖建设理念不断深入人心,河湖治理不断涌现出一大批"新技术",如河道生态护岸技术、生态浮床技术、复合生态技术和光催化技术等。

1.河道生态护岸技术

河道生态护岸可有效抗洪和维护河势稳定,在抗洪和维护河势稳定方面起着关键性的作用,丁坝、沉排、现浇混凝土等传统的护坡技术虽然也能起到一样的作用,但是却破坏了河流原有的生态结构,降低了河流的自净能力。因此,只有"亲水"型的护岸设施才能从根本上起到防护、保护生态的作用。发达国家较早提出了生态护岸技术解决方案,如德国提出"近自然型护岸"技术,日本提出"亲水"护岸建设理念,美国利用可降解的生物纤维建造堤岸并取得了良好的效果。我国近年也开始重视研发生态护岸技术,植物护岸、绿化混凝土植被护岸、土工合成材料护岸和土壤生物工程护岸等生态护岸技术逐渐得到了较为广泛的应用。

2.生态浮床技术

生态浮床,又称人工浮床。生态浮床技术通常用于修复城市流域水环境污染或建设城市湿地景区等。利用浮床的浮力承托水生植物,让水生植物在一个固定的区域生长,由此水生植物可通过发达的根系吸收水体中富营养物质,降低河湖 COD;河湖同时人工营造一个适于动物、微生物生长的环境,提高水体的自净能力从而修复水体生态系统,改善水环境。生态浮床优势包括:经济实用、治污效果明显;改善动植物生长环境,再造自然生态平衡;具有景观效应,美化环境;可用于鱼塘水体,种植无公害蔬菜;消波护岸,保护水利设施等。经过几十年的研究发展,国内外生态浮床技术得到极大完善,但是由于种种原因,生态浮床技术仍处于试验与示范阶段,并在使用中存在一些问题和不足,例如:不易进行标准化推广应用;难以推行机械化操作;大面积制作施工周期较长;浮床植物难以过冬、难以抵抗极端大风、大雨及大浪;浮床单体面积较小,难以在较大的流域范围进行水环境治理等。

3.复合生态技术

复合生态技术实质是固定化微生物技术的高效载体和功能微生物相结合的生态技术。固定化微生物技术即是将微生物固定在载体上使其高度密集并保持其生物活性功能的生物技术。目前,固定化微生物技术在河湖水环境治理领域得到应用,其原理为在载体上聚集并繁殖出一定生物量的微生物群落,通过微生物的代谢作用去除污水中的污染物。采用复合生态技术能够快速有效地对湖泊污染进行治理修复,并能长期维护水体水质。该治理系统具有投资费用低、安装管理简单、见效快等优点,并能兼容水产养殖、景观建设等,实现综合效益。复合生态技术可以广泛应用于河湖水环境治理与维护。

4.光催化技术

光催化技术是催化剂经一定波长的光激发后,导带上的电子受到激发而跃迁产生激发电子,同时在价带上产生空穴。这些电子和空穴具有一定的能量,而且可以自由迁移,当它们迁移到催化剂时,则可与被吸附在催化剂表面的化学物质发生化学反应,并产生大量具有高活性的自由基。有学者用光催化剂 TiO_2 对某地区河流污水进行采样研究,当催化剂用量为 0.6 g、pH=6.5、光照 12 h 时,污水的 COD、色度去除率分别达到 75.0%、78.5%,污水处理效果好。研究结果表明,光催化技术在河湖水环境治理中具有一定的实用性,绝大多数水中污染物均能够通过光催化氧化或还原得到治理。高效多功能集成式实用光催化反应器的开发,将会成为一种新型有效的水处理手段,具有结构简单、操作条件容易控制、氧化能力强、无二次污染、节能、设备少等优点,有一定的应用前景。

河湖治理是一项综合性的工程,其治理技术多种多样,如何选择犹如寻医治病,需综合考虑多个方面因素,如技术可行性、经济合理性等。不同地区、不同类型的河湖治理,应因地制宜选择确定科学的治理方案,按照"一河一策"的思路开展治理工作。河湖治理工程作为系统性修复工程,既要注重新技术、新工艺的比选应用,也要综合施策,做好防治结合,才能达到预期治理效果。

1.2.4 河湖治理存在的问题

河湖治理以保护、恢复和改善河湖生态水文过程为核心目标,通过修复或重构河湖生态水文过程,使得已经退化或受损的河湖水生态系统在良性的水循环状态下逐步恢复,实现人水和谐发展。我国河湖污染严重。河湖治理的核心是控制污染源,主要途径有生产源头污染物控制、污染物减量处理、污水资源化利用。河湖污染治理的问题不是管理所能概括的,也不是技术层面所能解决的。通过调查研究和综合评估分析,我国河湖治理存在的多个方面问题,主要包括以下几个方面。

1.2.4.1 传统河湖治理观念亟待转变

(1)片面理解河湖水资源。河湖水资源包括两个方面的含义:第一,取出和就地使用,满足水的使用功能,其消耗的结果是水资源数量的减少,以至于枯竭;第二,接收和维系生态,满足水的排放和生态功能,也叫作水环境资源,其消耗的结果是水资源质量降低,以至于造成污染而丧失其功能。前者理解的较充分,但对后者理解不够充分,造成对水资源保护重要性认识缺乏应有的重视。

(2)感觉河湖水资源廉价。河湖水的来源是天然降水,传统观念认为河湖水取之不尽、用之不竭,对其消耗不需要付出代价。随着社会的进步和市场经济的发展,逐步认识到了水的价值。但是,对河湖环境资源价值的认识还远远不够,在实践中远远没有体现出其应有的价值。

(3)河湖污染治理是政府的事。河湖水资源是不折不扣的商品,河湖污染治理是彻头彻尾的市场行为。但是,几十年的计划经济体制形成了河湖污染治理靠政府的观念和习惯,政府不仅是管理的主体,而且还是治理的主体。这种传统观念造成了群众认为政府应该包办,排污单位认为应该得到补助,政府认为应该负责,给各级政府增加了很大的财政压力和管理难度。

(4)将河湖污染治理与经济发展对立,错误观念冠冕堂皇。往往考虑对立的多,过于强调河湖污染治理对经济发展的负面影响;考虑统一的少,忽视河湖治理对经济发展的积极因素。在处理河湖污染治理与其他工作的关系时,存在一些似是而非的错误观念,这些错误观念往往冠冕堂皇,比如:将"发展是硬道理"变成了"发展经济是硬道理";所谓的"国家利益",打着国有资产保值增值的旗号,设置重重障碍;再比如,严格控制污染会影响"安定大局",让企业尽控制水环境污染义务会导致其倒闭等。这些错误观念将河湖污染治理与经济发展对立,导致的后果是经济发展不可持续。

1.2.4.2 河湖治理政策与我国复杂的国情不够一致

我国幅员辽阔,国情复杂。具体表现为以下几个方面:①我国河湖水资源不平衡,南方水资源较丰富,北方水资源较贫乏,西北干旱地区极度缺水。②污染源与水资源具有负相关的特征,污水排放量大的地区,水资源往往相对贫乏。③经济发展不平衡。东部沿海地区经济较发达,其管理、技术、人力、投资环境等社会资源较雄厚,河湖污染治理的条件一般较好;西部地区欠发达,社会资源也相对较贫乏,河湖污染治理条件一般较差,需要一定的帮扶。④各地污水资源化条件千差万别,有些地区条件好,污水经处理后可以很容易就地回用,但有些地区条件不好,污水经处理后无回用之处,甚至不适宜回用。而反观我国的河湖污染治理政策,其体系考虑往往不能充分反映我国复杂的国情,在多数情况下,往往存在一刀切的现象,主要表现如下:

(1)对河湖水资源的数量与质量往往不能统筹兼顾。如污染物总量控制和减排计划在一定程度上反映了水资源的数量因素,但对质量控制的反映还很不够充分。

(2)一般可以清晰地反映河湖水资源供需关系的基本情况,但却不能充分地反映各地河湖水资源供需关系的差别,对较发达地区和欠发达地区没有区别对待,对欠发达地区扶持政策力度不大。

(3)污水资源化刚刚起步,对各地污水资源化条件的差别认识还不够重视。

(4)开发性治理研究较薄弱,开发性治理力度不够大,办法不多。

(5)对有关河湖污染治理国情的基础研究较薄弱,有关河湖污染治理国情要素分类的指标化、标准化、规范化等工作亟待开展。

(6)由于对复杂国情认识不够一致,加大了河湖治理管理和实际操作的难度,直接降低了河湖污染治理的科学合理性和效果等。所有这些,要给予应有重视。

1.2.4.3　河湖污染治理政策与市场经济的发展不够协调

河湖污染治理的根本是污染减排,途径有生产源头污染物控制、污染物减量处理和污水资源化利用。其中,污染物减量处理和污水资源化利用是典型的市场行为,应建立政府宏观指导管理下的社会主义市场机制,发挥市场在资源优化配置中的作用。目前,我国的社会主义市场经济对污染物减量处理和污水资源化利用仍处于探索阶段,因此存在较多问题,主要表现有以下几点:

(1)资源价格严重背离资源价值。水资源的价格远远低于水资源的实际价值。

(2)资源逆向配置和逆向鼓励。我国现行主要做法仍然保持着计划经济的基本框架,存在资源逆向配置和逆向鼓励的现象,严重违背社会主义市场经济规律。

(3)投资和运营没有放开。污水处理不是控制国民经济发展的关键行业,应该完全放开,实行投资市场化和运营社会化。我国城市污水处理设施的投资和运营主要由政府包办,财政压力大,是治理资金短缺的主要原因。

(4)政府对河湖治理资金缺乏统筹管理,基本属于分散投资,点多面广,有限资金不能集中支持关系全局的大型关键项目,影响瓶颈问题的解决效果。

(5)政府部门对宏观管理和社会分工职责不清。有关部门统管的过头,包办了本应由社会承担的职责,该管的事情没有精力管好,不该管的事情管得太多,实际上又没有能力做好。

(6)市场经济机制不健全、政策不合理不配套。如污染治理中社会投资政府担保贷款的做法,事实上政府承担了企业风险。再比如"保本微利"政策和BOT(建设—经营—转让,build-operate-transfer)模式等,不是鼓励先进而是保护落后等。

由此可见,在河湖污染治理领域,远没有形成社会主义市场竞争机制。没有竞争就无法实现资源优化配置,就无法发挥市场对资源配置的积极作用,就不能很好地做好河湖污染治理工作。

1.2.4.4　河湖污染治理思路不开阔

我国对河湖治理生产性源头污染物控制高度重视,成效显著。经过多年的努力,污染物减量处理也取得了重大成就。污水资源化利用越来越被人们认识和重视。但也应该看到河湖污染治理思路还不够开阔,办法不多,主要表现在以下几点:

(1)思想保守,办法陈旧。河湖治理污染物减量和污水资源化利用还是以各地政府主导为主,与实际需求还有较大差距。实现污水资源化的大规模工业回用、城市与农业用水的循序利用、荒漠生态恢复建设利用、生态利用等,都还没有纳入考虑范围。

(2)河湖污染治理步伐与经济发展水平不够一致。例如,河湖污染治理与农业结构调整和技术进步相结合,水源保护与扶贫相结合,在欠发达地区实行开发性河湖污染治理等,这些方面都很薄弱。

(3)创新性研究比较薄弱。跟踪先进技术和研究具体技术的较多,而对符合国情、具有中国特色、能解决重大关键问题的超前性和创新性研究还较少。

(4)政策和实施措施不配套。例如,已经制定了《城市污水再生利用　农业用水水质》《城市污水再生利用　工业用水水质》《城市污水再生利用　补充水源水质》等国家标准,但如何实施,农业如何大规模利用,工业如何大规模利用,生态恢复建设如何利用,都没有配套实施措施等。

由此可见,河湖污染治理工作任重道远,要使河湖污染治理工作再上一个新台阶,必须进一步解放思想,开阔思路,勇于创新。

1.2.4.5　河湖污染源监控是软肋

我国河湖污染监控技术系统是20世纪80年代建立的,已形成国家和地方多级监测体系,基本满足河湖常规监测要求。但是,河湖污染源监控还存在着一些软肋,主要表现在以下几点:

(1)监控技术手段落后。我国河湖污染源监控技术系统以报表与随机监测相结合,技术手段较落后。近年来,开展了重点污染源在线监测试点,但力度不够大,没有全面铺开。

(2)监测数据不够真实。污染源监测主要为定期监测和不定期临时抽测,监测的准确性要靠监测单位的自觉性,存在谎报、瞒报现象,导致有些监测数据失实,影响对河湖水生态环境的客观评价。

(3)监控应急反应能力差。目前,我国的河湖污染源监控范围不够,频率小,时效差,还存在较大的空白盲区,污染事故主要靠人工发现,尚缺乏临时应急监控。

(4)监管体系不完善。现有监管体系不够完善,政策法规存在漏洞,制约机制不健全,执法不严,执法存在人为性,造成现有监管体系还不能真正做到全面监管和严格监管。

河湖污染源监控是河湖管理的基础,是污染治理的关键,是执法监督的证据,必须高度重视、切实加强、下大决心做好污染源的监控工作。

1.2.4.6　河湖治理法规政策体系尚待完善

我国的河湖污染治理法规政策体系是在改革开放过程中逐渐建立起来的,吸收改革开放成果存在着一定的滞后性,与社会主义市场经济和建设环境友好型、资源节约型社会基本国策的要求还有一定的差距,尚待进一步完善,主要表现在以下几点:

(1)与幅员辽阔情况复杂的基本国情不一致。我国河湖污染治理法规政策体系主要反映基本和总体国情,与我国幅员辽阔情况复杂国情不够一致,法规政策体系针对性有待进一步加强。

（2）反映社会主义市场经济规律不够充分。如水资源价格背离其价值,水资源逆向配置和逆向鼓励,水资源保护政府管理职责不清等。

（3）超前性不足。有些法规政策已经滞后于改革开放步伐,超前性不足,需及时修订和改进。

（4）可操作性不强。有些法规政策在技术上和管理上难以全面执行,导致执法不严和执法不公的现象时有发生,严重影响政府管理者的形象等。河湖污染治理的法规政策是河湖污染治理的基础和基本依据,应高度重视,提前研究,全面审视,及时修改补充完善,充分发挥其作用。

改革开放以来,我国河湖污染治理主要是偏向城市河湖污染治理。目前,城市河湖水污染治理尚缺乏统一的规划,在处理水环境、经济及社会三者之间的关系方面没有从根本上协调好,对水环境功能和效益的认识还存在着一定局限性,从而导致水环境不断遭到严重破坏。同时,污水处理设施建设和水处理技术总体还比较落后,需要采取更高效的方法进行水污染处理;此外,在推进河湖水污染控制的过程中,尚缺乏有效的监督和管理,考核机制不健全,导致城市水环境保护和水污染控制效果大打折扣,这不仅造成严重的资源浪费,成本增加,还使得大量的人力资源没有得到充分的利用和合理的配置。

随着我国新农村建设程度不断扩大和加深,河湖水环境和水污染问题由城市逐渐蔓延到农村。目前,我国农村河湖污染治理还处于起步阶段,相当一部分政府管理人员,在潜意识里还没有充分认识到农村河湖水污染控制的重要性和紧迫性,对其不够重视,加之对农村河湖水环境认识不够充足,缺乏对农村河湖水环境生态系统的了解,使得农村河湖水污染问题越来越严重。农村河湖水资源在为农村提供水资源的同时,还为城市水环境提供外围的支援作用。通过加强对农村河湖污染进行治理,不仅可以保护好农村的水环境,还可以对保护好城市水环境创造良好的条件。因此,在重视城市河湖污染治理的同时,也要重视农村河湖污染治理问题。

1.3　我国河湖水环境现状及存在的问题

1.3.1　我国河湖水环境质量现状

根据2020年1月23日,生态环境部公布的2019年第四季度和1~12月全国地表水环境质量状况,我国主要江河湖泊水质状况如下:

1.3.1.1　总体情况

2019年第四季度,1 940个国家地表水考核断面中,水质优良（Ⅰ~Ⅲ类）断面比例为80.0%,同比上升3.9个百分点;劣Ⅴ类断面比例为2.7%,同比下降1.8个百分点（见图1-4）;主要污染指标为化学需氧量、总磷和高锰酸盐指数。

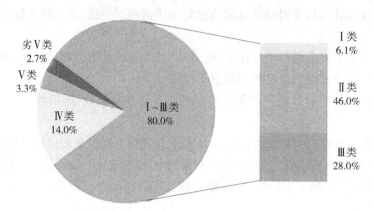

图1-4　第四季度全国地表水水质类别比例

2019年1~12月,1 940个国家地表水考核断面中,水质优良(Ⅰ~Ⅲ类)断面比例为74.9%,同比上升3.9个百分点;劣Ⅴ类断面比例为3.4%,同比下降3.3个百分点(见图1-5);主要污染指标为化学需氧量、总磷和高锰酸盐指数。

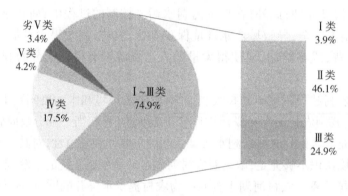

图1-5　1~12月全国地表水水质类别比例

1.3.1.2　主要江河水质状况

第四季度,长江、黄河、珠江、松花江、淮河、海河、辽河等七大流域及西北诸河、西南诸河和浙闽片河流Ⅰ~Ⅲ类水质断面比例为85.0%,同比上升4.5个百分点;劣Ⅴ类为2.0%,同比下降2.8个百分点(见图1-6);主要污染指标为化学需氧量、高锰酸盐指数和五日生化需氧量。其中,西北诸河、长江流域、浙闽片河流和西南诸河水质为优,珠江、黄河和松花江流域水质良好,淮河、辽河和海河流域为轻度污染。

1~12月,长江、黄河、珠江、松花江、淮河、海河、辽河等七大流域及西北诸河、西南诸河和浙闽片河流Ⅰ~Ⅲ类水质断面比例为79.1%,同比上升4.8个百分点;劣Ⅴ类为3.0%,同比下降3.9个百分点(见图1-7);主要污染指标为化学需氧量、高锰酸盐指数和氨氮。其中,西北诸河、浙闽片河流、西南诸河和长江流域水质为优,珠江流域水质良好,黄河、松花江、淮河、辽河和海河流域为轻度污染。

1.3.1.3　重要湖(库)水质状况及营养状态

第四季度,监测的110个重点湖(库)中,Ⅰ~Ⅲ类水质湖库个数占比为67.3%,同比上

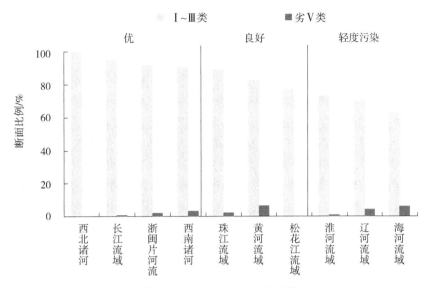

图1-6 第四季度我国主要河流水质类别比例

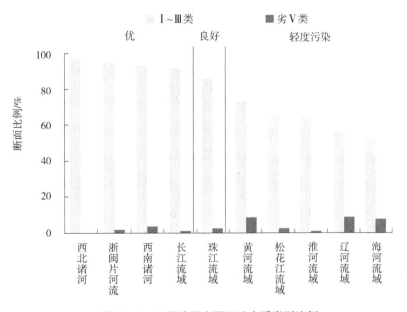

图1-7 1~12月我国主要河流水质类别比例

升0.9个百分点;劣V类水质湖库个数占比为8.2%,同比上升2.7个百分点;主要污染指标为总磷、化学需氧量和高锰酸盐指数。监测富营养化状况的106个重点湖(库)中,5个湖(库)呈中度富营养状态,占4.7%;26个湖(库)呈轻度富营养状态,占24.5%;其余湖(库)未呈现富营养化。其中,太湖、巢湖为轻度污染、轻度富营养,主要污染指标为总磷;滇池为重度污染、轻度富营养,主要污染指标为pH值、化学需氧量和总磷;洱海、丹江口水库水质为优、中营养;白洋淀为轻度污染、轻度富营养,主要污染指标为化学需氧量、总磷和高锰酸盐指数。与去年同期相比,太湖水质有所好转,滇池水质明显下降,巢湖、洱海、丹江口水库和白洋淀水质无明显变化;太湖、巢湖、滇池、洱海、丹江口水库和白洋淀营养状态均无明显变化。

1~12月,监测的110个重点湖(库)中,Ⅰ～Ⅲ类水质湖库个数占比为69.1%,同比上升2.4个百分点;劣Ⅴ类水质湖库个数占比为7.3%,同比下降0.8个百分点;主要污染指标为总磷、化学需氧量和高锰酸盐指数。监测富营养化状况的107个重点湖(库)中,6个湖(库)呈中度富营养状态,占5.6%;24个湖(库)呈轻度富营养状态,占22.4%;其余湖(库)未呈现富营养化。其中,太湖、巢湖为轻度污染、轻度富营养,主要污染指标为总磷;滇池为轻度污染、轻度富营养,主要污染指标为化学需氧量和总磷;洱海水质良好、中营养;丹江口水库水质为优、中营养;白洋淀为轻度污染、轻度富营养,主要污染指标为总磷、化学需氧量和高锰酸盐指数。与去年同期相比,巢湖水质有所好转,洱海水质有所下降,营养状态均无变化;太湖、滇池、丹江口水库和白洋淀水质和营养状态均无明显变化。

1.3.1.4　河湖水环境变化趋势

根据长江水资源保护科学研究所江波等研究,近20年Ⅰ类河流占比总体上无显著性变化($p>0.01$),但2007~2016年时间段上呈极显著增加趋势($p<0.01$),Ⅱ类河流占比呈极显著增加趋势($p<0.01$),Ⅲ类河流占比呈极显著下降趋势($p<0.01$),Ⅳ类河流占比呈显著下降趋势($p<0.05$),Ⅴ类河流占比呈极显著下降趋势($p<0.01$),劣Ⅴ类河流占比总体上无显著变化趋势($p>0.01$),但2007~2016年时间段上呈极显著下降趋势($p<0.01$)[见图1-8(a)];趋势分析结果表明近20年河流水环境总体上呈变好趋势。

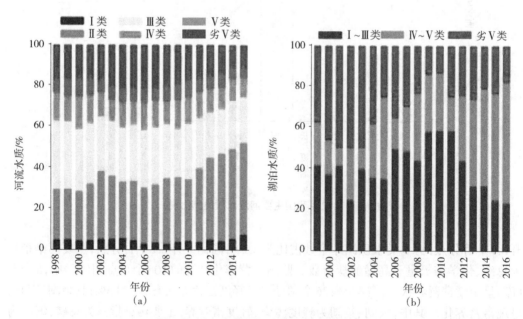

图1-8　近20年我国河湖水环境变化趋势

近20年,湖泊水环境总体上均有一定的变化。其中,近20年Ⅰ～Ⅲ类湖泊占比总体上无显著性变化趋势($p>0.01$)，Ⅳ～Ⅴ类湖泊占比呈极显著增加趋势($p<0.01$)，劣Ⅴ类湖泊占比呈极显著下降趋势($p<0.01$)，表明劣Ⅴ类湖泊水质总体呈趋好趋势。但Ⅰ～Ⅲ类湖泊占比分段分析结果表明，1999~2011年Ⅰ～Ⅲ类湖泊占比总体上呈极显著增加趋势($p<0.01$)，2011~2016年Ⅰ～Ⅲ类湖泊占比呈极显著下降趋势($p<0.01$)，表明近几年Ⅰ～Ⅲ类湖泊水环境总体上呈变差趋势[图1-9(b)]。

1.3.2　河湖水环境存在的问题

　　我国水资源短缺、水污染严重、水生态恶化三大问题并存，河湖水环境问题十分复杂，其水环境质量改善面临着前所未有的多重压力。虽然近年来各地积极采取措施加强河湖治理、管理和保护，取得了显著的综合效益，但河湖管理保护仍然面临严峻挑战。

　　国家高度重视河湖生态保护，并在水环境治理和水生态修复领域投入大量人力、物力及财力。通过"十二五"期间的努力，全国COD、氨氮排放总量累计下降了12.9%和13%。2019年，在1 940个地表水国家考核、评价断面中，水质为Ⅰ～Ⅲ类的断面比例为74.9%，比2018年增加了3.9个百分点；劣Ⅴ类断面比例为3.4%，同比下降3.3个百分点，全国重要江湖泊水功能区水质达标提高到70%以上。全国重点河湖水生态环境状况逐步得到改善，地表水环境质量稳中趋好。但相比1998年，废污水排放量仍然维持在较高水平（见图1-9），水环境和人民群众不断增长的环境需求相比，仍然存在不小的差距。由于自然因素的影响和人类活动的干扰，再加上河湖水环境管理方面存在的管理混乱、长效管护机制缺乏、职能部门执法力度不够等制约因素，河湖水环境存在多方面问题，水污染防治形势依然严峻。

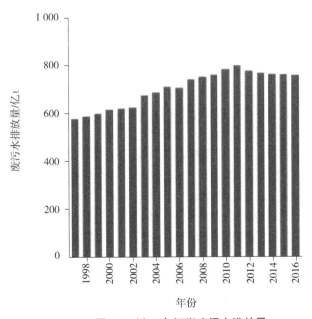

图1-9　近20年河湖废污水排放量

1.3.2.1 水体污染和富营养化

我国经济发展方式仍相对粗放,产业技术水平有待提高,工业、城镇生活污染物产生量和排放量仍然过大。雨污混排,工业废水、生活污水未经处理直接排入河道,导致河湖水体污染、水质恶化等。从干支流情况来看,干流水质较好,支流水质相对较差。开展监测的110个重要湖库中,主要污染指标为总磷、化学需氧量和高锰酸盐指数。其中,太湖、巢湖为轻度污染、轻度富营养,主要污染指标为总磷;滇池为轻度污染、轻度富营养,主要污染指标为化学需氧量和总磷;洱海水质良好、中营养;丹江口水库水质为优、中营养;白洋淀为轻度污染、轻度富营养,主要污染指标为总磷、化学需氧量和高锰酸盐指数。与去年同期相比,巢湖水质有所好转,洱海水质有所下降,营养状态均无变化;太湖、滇池、丹江口水库和白洋淀水质和营养状态均无明显变化。

1.3.2.2 "黑臭"问题突出

水体黑臭是水环境治理最为突出的问题。据住建部2016年2月18日的黑臭水体通报清单,全国295个地级及以上城市中,逾七成存在黑臭水体,共排查出黑臭水体1 861个。从地域分布来看,总体呈南多北少的趋势;从省份来看,60%的黑臭水体分布在东南沿海、经济相对发达地区。

1.3.2.3 河湖萎缩、功能退化

部分河流水资源过度开发,黄河流域、淮河流域、海河流域开发利用程度分别为76%、53%和100%,已经超过承载能力,引发江河断流及平原地区河流枯萎等一系列生态环境问题,造成河湖萎缩、功能退化等生态破坏。

1.3.2.4 持久性有机污染物不断呈现

近年来,我国主要的江河湖泊均不同程度受到持久性有机物的污染,有机污染物的种类以烷烃类、取代苯类、多环芳烃类和邻苯二甲酸酯类为主,其中松花江、长江流域和珠江流域较为严重。此外,河湖水环境问题在评价标准、监管和技术支撑体系等方面还存在着体制性问题,主要表现在以下几个方面:

(1)水质标准体系不完善、不协调,造成达标废水污染环境的尴尬局面。我国环境标准体系由环境质量标准、污染物排放标准、环境基础标准、监测分析方法标准和其他环境标准组成,在层次上又分为国家环境标准和地方环境标准两个层次,虽然我国环境标准体系在结构上相对完整,但在标准内容的科学性、合理性、标准制订程序的规范性方面还存在较多不足,在实际执行过程中还存在一定的矛盾和冲突问题。如质量标准未能充分反映环境功能的需求、排放标准与水质改善需求间缺乏有效衔接等。

(2)水环境监管体系不完善,地方保护主义对环境监测执法的干预较多。在线监控设施作用发挥不足、以"纳管"代替监管的现象突出。在线监控能实时显示污染物的排放数据,被认为是有效控制企业超标排污的"第三只眼"。但仍有部分不法企业通过各种手段,窜改、逃避在线数据监控。据报道,目前数据造假的方式共有两大类十多种。一类是通过修改设备工作参数等手段造假,不达标的变达标;另一类是通过破坏采样系统等硬件手段造假,如在设备采样管上私接稀释装置,甚至直接灌进自来水,致使监测设备难以采集真实样品。2015年环保部组织各级环保部门对污染源自动监控运行情况进行监督检查,发现污染源自动监控设施不正常运行现象普遍存在。属地化管理的环境监察执法模式难以

满足新时期生态文明建设的总体要求。地方环保局在预算和人事安排上受当地政府制约比较大时,环保监管在和地方经济发展的博弈中通常处于劣势,很多地方政府为了经济发展,往往会对污染企业"网开一面"。而且,有些地方政府环保责任不落实,将地方政府的责任简单等同为地方环保部门的责任。

(3)基于水环境质量改善的技术支撑体系不完善,不能有效为环境管理决策提供服务。目前,我国水环境管理正处于由粗放型向精细化管理转型的阶段,精准治理成为水环境治理的主导方向。受基础数据不足不准、基础研究技术储备薄弱等因素影响,水环境问题的精准分析、治理方案的精细化设计严重不足,难以有效指导地方政府开展水环境治理工作。为更好地解决河湖治理管理方面存在的难题,国家已着手在全国范围内建立流域—水生态控制区—水环境控制单元三级水生态环境分区管理体系,作为我国未来水环境管理的重要抓手。但是基于控制单元的管理制度体系尚不健全,不同类型控制单元的标准化水质模型方法缺失,控制单元水环境容量规范化测算方法没有形成,水环境保护的前瞻性环境问题研究不足,经济社会、资源环境和生态保护交互影响的分析方法不够完善和规范,尚不能对未来发展态势进行科学预判和分析,预警和应对能力较弱,难以有效支撑水环境管理。

河湖水环境遭到破坏,不仅影响河湖生态系统健康和生态功能的稳定发挥,对社会经济的可持续发展也造成了严重威胁。通过"十三五"期间的努力,全国重点河湖水生态环境状况逐步得到改善,地表水环境质量稳中趋好。但由于自然因素的影响和人类活动的干扰,再加上河湖水环境管理方面存在的管理混乱、长效管护机制缺乏、职能部门执法力度不够等制约因素,河湖水环境问题依然严峻,河湖管理保护还面临多方面挑战。

1.4 河湖治理面临的形势及发展趋势

1.4.1 河湖治理面临形势

改革开放40多年来,我国水污染防治工作取得巨大成效。总体上全国水环境质量状况经历了从中华人民共和国成立初期基本清洁、20世纪80年代局部恶化、90年代全面恶化的变化过程,"有河皆污,有水皆脏"是90年代初期我国水环境状况的真实写照。20世纪90年代,我国掀起了新一轮的大规模经济建设,重化工项目沿河沿江布局和发展对水环境造成的压力不断加大,1994年淮河再次爆发污染事故,流域水质已经从局部河段变差向全流域恶化发展,决定了我国必须在流域层面开展大规模治水的历史阶段。1995~2019年全国地表水Ⅰ~Ⅲ类断面比例从27.4%上升到80.0%;劣Ⅴ类断面比例从36.5%下降到2.7%。随着我国社会经济持续快速发展,我国流域水污染防治思路、目标和路线等也不断发生变化。

党的十八大将生态文明建设放在与经济、政治、文化和社会建设同等重要的地位。实施河长制对水生态环境保护、水污染防治具有重要作用,是我国推进生态文明建设的必然要求。在党中央国务院的坚强领导下,在各地各部门的共同努力下,我国已全面建立了河湖长制,其责任体系、组织体系、制度体系、工作方案为河湖管理和保护提供有力保障,打下坚实基础,有力地推进了河湖的治理管理和保护,取得显著成效。把河湖治理好、管理好、保护好是终极目标,维护河湖健康生命、实现河湖功能的永续利用,要充分认识此任务的紧迫性、艰巨性、复杂性和长期性,在思想上、行动上做好打持久战、攻坚战的准备,要持续发力、久久为功。

2018年10月10日,水利部印发《关于推动河长制从"有名"到"有实"的实施意见》,要求以习近平新时代中国特色社会主义思想为指导,践行"十六字"治水思路,按照山水林田湖草系统治理的总体思路,坚持问题导向,细化实化河长制六大任务,聚焦管好"盆"和"水",将"清四乱"专项行动作为今后一段时期全面推行河长制的重点工作,集中解决河湖乱占、乱采、乱堆、乱建(以下简称"四乱")等突出问题,管好河道湖泊空间及其水域岸线;加强系统治理,着力解决"水多""水少""水脏""水浑"等新老水问题,管好河道湖泊中的水体,向河湖管理顽疾宣战,推动河湖面貌明显改善。

2019年全国水利工作会议明确指出我国治水的主要矛盾已经发生深刻变化,从人民群众对除水害兴水利的需求与水利工程能力不足的矛盾,转变为人民群众对水资源水生态水环境的需求与水利行业监管能力不足的矛盾。其中,前一矛盾尚未根本解决并将长期存在,而后一矛盾已上升为主要矛盾和矛盾的主要方面。为此,确定当前和今后一个时期水利改革发展的总基调为"水利工程补短板,水利行业强监管",努力践行"节水优先、空间均衡、系统治理、两手发力"的治水思路,打好河湖管理攻坚战。

"十六字"治水思路明确了新时代水治理的工作方法和实践路径。节水优先是破解复杂新老水问题的治本之策。节水优先强调把节水放在优先位置,从增加水供给转向水需求管理,提高用水效率,抑制不合理的用水需求。节水优先是按照问题导向确定的一条有针对性的水治理方针,节水可以抑制不合理的用水需求,保留更多的生态用水,减少污水排放,促进水资源短缺、水生态损害、水环境污染等水问题的有效解决。空间均衡是转变水治理思路的关键。重点是要从改变自然、征服自然转向调整人的行为、纠正人的错误行为,尊重经济规律、自然规律,需、量水而行、因水制宜。系统治理是对传统水治理方式的革新。改变就水论水的传统治水理念,充分认识生态是统一的自然系统,用系统论的思想方法,统筹治水和治山、治水和治林、治水和治田、治水和治湖等,实现生态系统的稳定和水资源的可持续利用。两手发力是由管理向治理转变的突破口,核心是转变由政府大包大揽的传统管理模式,转向充分发挥政府和市场的双重作用,分清政府和市场的各自职责和发力领域。政府要履行水治理的主要职责,建立健全一系列制度,更多依靠水资源税等税收杠杆调节水需求。市场要发挥好在资源配置中的决定性作用,用价格杠杆调节供求,提高水治理效率。

1.4.2　河湖治理发展趋势

河湖治理及其水体保护是一项复杂的系统工程。受地理气候条件、河湖资源禀赋及长期以来粗放增长方式的影响,我国河湖治理及其水体保护面临严峻挑战,水资源短缺、河湖水域萎缩、水系连通不畅、岸线乱占滥用、水污染严重、水生态退化问题严重。全面推行河湖长制是落实绿色发展理念、推进生态文明建设的内在要求,是解决我国复杂水问题、维护河湖健康生命的有效举措,是完善水治理体系、保障国家水安全的制度创新。全面推行河湖长制以来,我国河湖治理及其水体保护取得明显成效(见图1-10)。

图1-10　广州中心城区整治后的东濠涌

　　水问题及其治理是涉及人文、社会、经济、管理与工程技术等多方面的综合性问题。水科学是关于水的知识体系,是自然科学、社会科学与人文科学的有机融合。国内外河湖治理的实践表明:科学治水是河湖治理的正确途径。河湖治理及其水体保护是不断完善与提升的过程,生态河湖建设是河湖治理的根本目标。进入21世纪河湖综合治理新时期后,河湖治理呈现出许多新的发展趋势,主要表现在以下几个方面。

1.4.2.1　进一步强化科学治水理念

　　剖析国内外河湖治理及其水体保护典型案例、回顾水问题及其治理进程,我们认识到:治理理念、治理体制、法规制度、治理技术、治理投资等是水问题治理的关键因素,其中治理技术是直接要素。在改革体制机制、加强政府统一监管、强化领导责任意识的同时,必须充分重视科技引领,防止行政替代科技治水现象产生,防止不良不实技术对治水系统工程的影响。当前,水治理技术方面尚存在一些问题,比如:对河湖情况没有查清查实,照学照搬其他地区的做法;治理前期缺乏科学论证,治理目标、措施不符合实际,针对性、可操作性不强;缺乏中长期系统治理技术方案;缺乏集环境监测、检测和科学论证及其治理一体化的评价体系;普遍不重视农业面源污染和初期雨水污染的防控;忽视二次污染和对微小水体污染治理等。在新的历史时期,为顺利实现我国河湖的综合治理,必须进一步强化科学治水理念,一方面要把水治好,另一方面要把治好了的水的"功能"充分发挥出来,建立"治污兴业""护美绿水青山,做大金山银山"的河湖治理良性循环新机制。

1.4.2.2　全面推进生态河湖建设

　　当前面临的河湖水安全问题比历史上任何时候都严重,水灾害频发、水资源短缺、水生态损害、水环境污染等新老水问题交织。要高效、长效治理好河湖水问题,必须把握河湖水问题的整体性,坚持统筹治理,提升河湖综合功能,统筹河湖水域与陆域、城镇与乡村,兼顾河湖上下游、左右岸、干支流,用系统思维统筹治理河湖的全过程。为顺利实现新时期河湖治理的根本目标,需全面推进生态河湖建设。具体体现在以下几点:

（1）加强水安全保障。要突出水利工程对经济社会发展和生态文明建设的基础保障作用，不断完善防洪减灾工程体系，巩固提高河湖防洪标准，提升江河堤防防洪能力。

（2）开展水污染防治。要注重以治水倒逼产业布局优化，调高、调轻、调优、调强产业结构，大力开展工业、农业、生活、交通等各类污染源治理，从源头减少污染排放，降低入河湖污染负荷，根据河湖环境容量核定排污标准和数量。

（3）落实水环境治理。全面清理乱占乱建、打击乱垦乱种、严惩乱倒乱排，消除城市黑臭水体；治理底泥内源污染，加强生态清淤、干河清淤，健全农村河道轮浚机制，减少河湖内源负荷。

（4）实施水生态修复。要改善江河湖库水系连通，实现跨流域、跨区域互连互通、互调互济，创建生态清洁型小流域，修复河湖生态，维护河湖健康生命。

1.4.2.3　不断完善体制机制

我国幅员辽阔，水文气候与水资源禀赋情况差异性大；河湖众多，河湖水系分布及其特征不尽相同；河湖治理及其水体保护涉及左右岸、上下游，如南方水网地区河湖水系密度大，面源污染对水体影响的贡献率大；北方地区河流以干流为主，季节性河流多，水生态问题突出。此外，我国各地社会发展、产业结构、经济能力、人口布局等方面存在差距。河湖生存及其发展客观条件的差异性、与管理主体及其经济社会发展水平的差异性，必然要求对河湖治理及其水体保护的相关制度设计和运行机制与之相适应。目前，各地也因地制宜，分别实施了"五水共治""四水同治""美丽河湖建设""生态河湖建设"等举措；河长办主要设在水利部门，也有设在环保部门、住建部门等。这些都充分表明，在河湖治理及其水体保护进程中，首先要建立与当地实际情况相适应的组织体系、体制机制，确定与当地现状问题相匹配的工作目标、工作方案、工作重点等。

治理体制是河湖治理的主体与基础。英国泰晤士河的成功治理，关键之一不仅是采用了最先进的理念与技术，而且是首先开展了大胆的体制改革和科学管理。面对我国复杂且严重的水问题，正在系统推进的治理理念、体制与法规制度等水问题治理关键层面的全面改革与创新，是符合国情、水情的重大举措。改变长期存在的水利、住建、环保、农业、国土资源和科技等部门"多龙治水、一水多治""运动式治理、分散式治理"的行政制约，全面推行河长制、湖长制和政府机构改革，理顺了河湖治理与水体保护体制机制等行政层面的突出问题，完善了水治理体系。这些也充分说明，在河湖治理进程中，因为不仅涉及"盆"和"水"，还关系"盆"周边区域的自然条件和人类活动影响，要倡导改革创新，不断审视体制机制的适应性、科学性和先进性，克服因体制不明、机制不畅而导致的上下游、左右岸、岸上和水下、部门与部门之间相脱节，以及沟通困难、运转不灵、思路不清、问题不实、方案不准、措施不力、成效不大等一系列问题，不断夯实基础，真正实现河湖治理从"有名"到"有实"的转变，确保各阶段治理工作的顺利进行并富有成效。

1.4.2.4　切实开展综合评估

近年来，各地贯彻落实系列治水方针政策，实施海绵城市建设、城市黑臭水体治理、农业面源污染防治、水生态文明建设、全面推行河长制等举措。在河湖治理行政层面形成了领导挂帅、高位推动落实，部门联动、形成有效合力，完善制度、建立长效机制，强化考核、严肃责任追究，夯实基础，推进一河一策，畅通渠道、社会广泛参与的局面；开展了大量"清四乱"、控源截污、排污口治理、河道清淤、水体保洁、河岸整治、岸坡植被、水功能区达标治理等方面工作。在河湖水环境治理技术层面,实施了分散式农村废污水处理、一体化污水处理、曝气增氧、生态修复、畅流活水、引水冲污、生化降解等多项措施。在科学研究层面,国家设立重大研发计划和水体污染控制与治理科技重大专项,开展了"水资源高效开发利用""重大自然灾害监测预警与防范""海洋环境安全保障"等专题研究。

尽管河湖治理成效明显,但有些问题不容忽视。2018年5月,全国生态环境保护大会指出,生态环境质量持续好转,出现了稳中向好的趋势,但成效并不稳固。《半月谈》2019年2月13日《"破坏式治污"正加速河流生态退化》一文指出,在《水污染防治行动计划》等政策和环保督察压力下,各地竞相投入巨资治理河流黑臭水体,取得初步成效,但一些城市违背生态文明理念,盲目治理、过度追求人工景观,导致河流生态系统加速衰退。

河湖治理背后是巨额的投资。预计我国河湖治理总投资将超过万亿元。由于投入巨大,很多治理项目将成为不同利益主体哄抢的"蛋糕"。需要警惕的是,这些项目如果缺乏系统规划和有针对性的综合配套体系,即使政府投入再多,对河流生态系统的破坏也不会减少。

综观国内外河湖治理进程及其经验教训,我国当前的河湖治理存在一些乱象,必须引起高度重视。要充分汲取国内外河湖治理经验教训,不花太多时间、少走弯路,这就要求我们每过一段时间必须对当前的治理理念、治理体制、运转机制、法规制度、治理技术、治理方案、治理投资等关键因素进行回顾与分析,建立河湖治理定期综合评估制度并及时改进和完善。

我国河湖水系及其水问题错综复杂,治理则更为艰巨,涉及政策、法制、社会、经济、人文、技术与自然等多种要素,与治理理念、体制、目标、方案、技术、投资、实施等密切相关,在治理进程中首先必须树立科学治水理念,建立定期综合评估制度,不断完善提升,实现生态河湖建设目标。河湖治理需要长期大量的人力、物力和资金投入,因此在具体实施时,我们必须要分清主次、突出重点、具体问题具体分析,将河湖治理内容按紧迫性和重要性进行科学排序、合理安排,综合应用多种技术手段,分期分区分段实施,并确保治理成效长期稳定。

第2章　河湖长制的发展进程

2.1　河湖长制出台背景与过程

2.1.1　历史上的"河长"及其职能

　　水是人类文明之源,是我国古代农业发展不可替代的重要资源,工商业、手工业及社会经济的发展都与水息息相关。综观中国历史,历代君王秉持着"善治国者必先治水"的思想,在长期的治水实践中取得了辉煌的成就,历朝历代涌现出一大批治水名人,这些历史上的"河长"为中华民族治水制度的发展和治水理念的形成做出了重要贡献。

　　中国古代,洪涝灾害是人们面临的最严峻的自然问题,防洪成为治水的首要工作。大禹是中国古代部落联盟的领袖,他将传统的"堵"改为"疏"的方法,疏通主要江河,成功治理了上古时期黄河流域发生的特大水灾,成为中国最早治理洪水的领袖人物,为中华第一位"河长"(见图2-1)。他献身、负责、求实的治水精神流传至今,同时其严厉的责任追究制度也为历代所借鉴。东汉初年,著名的水利专家王景,奉光武帝之命,负责治理黄河,他采用筑堤防洪的方法,使得黄河在此后近千年都不曾发生洪水灾害,后人评价其功绩与大禹治水相当。

图2-1　传说中的大禹——中华第一位"河长"

在防洪减灾、安民兴邦之余，农田水利对我国古代农业发展具有至关重要的意义。唐代刺史姜师度开凿水渠、引水溉田，解决了农业取水和灌溉的难题，被誉为唐代的治水良吏。北宋宰相王安石制定了我国第一部比较完整的农田水利法——《农田水利约束》，大兴农田水利。宋神宗还专门设立了淤田司这一管理机构，对众多河水进行防淤灌溉，古代"河长"的职能不断增加。

为发展水运经济，历代"河长"兴修运河，表现出中华民族伟大的创造精神。楚国庄王时期令尹孙叔敖主持开凿的荆汉运河和巢肥运河为我国最早出现的运河；隋代宇文恺主持开挖了包括永济渠、通济渠、邗沟和江南河四条主干河道的隋代大运河；时任元代都水监的郭守敬，主持修建了会通河和通惠河，为京杭大运河的全面沟通奠定了基础。

古代"河长"的职能不断丰富，逐渐形成了较为系统的管理体制。明代知县刘光复为解决洪涝灾害、河道排水不畅、水利管理难度大等问题，提出"蓄水、筑堤、畅流"的治水措施，最重要的创举是提出管理水利的圩长制，强调落实人的责任，对圩长的主要职责、产生及管理做出了明确的规定。他所创立的圩长制对后世各代水利事业的发展具有推动作用。

中国历史上各朝各代负责河流管理的"河长"官职等级不尽相同，如春秋战国的司空，晋、宋、齐、后魏时期的水部郎中，隋代的工部侍郎和唐代的员外郎等。古代"河长"的功能实现了"防洪—灌溉—水运—治污"的变迁，逐渐形成了独具特色的河流管理制度和理念，对当今河流治理、水利建设以及河长制的提出具有指导和借鉴意义。

2.1.2　河湖长制出台背景与过程

随着社会、经济的高速发展，我国出现了水资源短缺、水污染严重等众多水环境问题，河流治理成为当今生态环境保护和可持续发展战略的重要组成部分，为做好河道综合整治这一长期工作，当今河长的工作任务愈加艰巨和繁重，功能不断呈现出多样性和复杂性，迫切需要一项能够适应社会需求，满足水环境治理目标的制度体系，因此，河长制这一创新型管理制度在全国应运而生。

河长制源起于江苏省无锡市，随后江苏省其他各市也迅速跟进，全面实施河长制。河长制由江苏省无锡市首创，2007年太湖蓝藻暴发，无锡市面临水污染严重、水生态破坏等问题，为全力开展太湖流域水环境治理，无锡市委、市政府将79个河流断面水质检测结果纳入各市（县）区党政主要负责人政绩考核内容。为无锡市64条主要河流分别设立"河长"，由市委、市政府及相关部门领导担任，并初步建立了将各项治污措施落实到位的"河长制"。

2008年江苏省政府办公厅下发《关于在太湖主要入湖河流实行"双河长制"的通知》，太湖在江苏省内的15条主要入湖河流分别由省、市级领导担任"双河长"，共同协调解决太湖及其入湖河流的治理；设立了市、县、镇、村四级"河长"管理体系，实现了对区域内河流的全覆盖；建立了断面达标整治地方首长负责制，将河长制的实施情况纳入流域治理考核，使河长制相关管理制度不断完善。2012年江苏省政府办公厅印发了《关于加强全省河道管理河长制工作意见的通知》，在全省范围内推广以保障河道防洪安全、供水安全、生态安全为重点的河长制。至2015年，全省727条省骨干河道1 212个河段河长已落实到位,初步形成了较为完善的河长体系。

　　全国各省、市、自治区分别出台文件,完善相关制度,促进河长制的逐渐推广,其中一些省份更取得了突出成绩。2013年年底,浙江省为解决水污染问题,努力加强水环境治理,实现了省、市、县、乡四级河道"河长制"全覆盖,之后又开展了"治污水、防洪水、排涝水、保供水、抓节水"为一体的"五水共治",目前已形成五级联动的河长制体系,共设立省、市、县、乡和村级河长5万多名。作为全国生态文明先行示范区的江西省,始终把水生态保护摆在经济社会发展的战略位置,从2015年开始全面实施河长制工作,确定了工作目标和主要任务,明确了河长及有关部门的工作职责,并于2016年将河长制工作定位在"推进试点、污染治理、专项整治、能力建设和加强宣传"5个方面;全省共设立7名省级河长,88名市级河长,上万名县、乡、村级河长。江西省不断加强生态文明建设,成了中国实施河长制的样板。

　　2017年3月,江苏省通过《关于在全省全面推行河长制的实施意见》(简称《实施意见》),开始部署在全省打造"升级版河长制",首先建立省、市、县、乡、村五级河长体系及省、市、县、乡四级河长制办公室,实现了各类水域河长制管理的全覆盖;由11名省领导担任重要河湖水域的河长,河湖所在市县党政负责人担任相应河段的河长;河长制管理体系由原来的骨干河道升级为全省各类河道、湖泊和水库,覆盖了全省村级以上河道10万多条;此外,还建立了"河长工作联系单"制度,各级河长对工作中遇到的问题及时进行交办、督办和查办,明确责任,保证工作效率。在《实施意见》提出的六大工作任务的基础上,江苏省"升级版河长制"对河长工作任务进行了丰富和扩充,提出八个方面的主要任务:严格水资源管理,严格考核评估和监督;加强河湖资源保护,实现人与自然和谐发展;推动河湖水污染防治,构建健康水循环体系;开展水环境综合治理,推进美丽城乡建设;实施河湖生态修复,维护河湖生态环境;推进河湖长效管护,保障河湖管理保护;强化河湖执法监督,推进流域综合执法;提升河湖综合功能,统筹推进综合治理。与国家六大任务相比,江苏省"升级版河长制"强调明确责任主体,落实河湖管理机构、人员及经费,强调动态监管和网络化管理模式的建立,强调河湖综合治理,实现河湖防洪、航运、生态等各项功能,在河湖治理的基础上实现区域的综合发展。"升级版河长制"对进一步强化河长职能,成立了由总河长为组长、省有关部门和单位负责同志为成员的河长制工作领导小组,负责协调推进河长制各项工作。江苏省河长制领导小组包括省委组织部、省委宣传部、省发展改革委、省财政厅、省公安厅、省水利厅、省环境保护厅、省交通运输厅、省国土资源厅、省农委、省住房城乡建设厅、省海洋与渔业局、省太湖办、省林业局和江苏海事等部门,各部门分管河湖治理过程中的不同事项,并做到各司其职,各尽其责,共同推进河长制的实施。

2.2　河湖长制的内涵与意义

2.2.1　河湖长制的内涵

　　河湖管理保护是一项复杂的系统工程,涉及上下游、左右岸、不同行政区域和行业。近年来,一些地区积极探索河长制,由党政领导担任河长,依法依规落实地方主体责任,协调整合各方力量,有力促进了水资源保护、水域岸线管理、水污染防治、水环境治理等工作。全面推行河长制是落实绿色发展理念、推进生态文明建设的内在要求,是解决我国复杂水问题、维护河湖健康生命的有效举措,是完善水治理体系、保障国家水安全的制度创新。

党的十八大将生态文明建设放在与经济、政治、文化与社会建设同等重要的地位。强调要实行最严格的制度、最严密的法制来保障生态文明建设,要将体现生态文明建设状况的指标纳入经济社会发展评价体系,要建立责任追究制度,并加强生态文明宣传教育。为完善生态文明制度体系,2015年颁布的《中共中央国务院关于加快推进生态文明建设的意见》提出要加快推进生态文明建设,并对水生态保护与修复、水环境污染防治、生态红线和生态补偿等内容做出了明确要求。实施河长制对水生态环境保护、水污染防治具有重要作用,是我国推进生态文明建设的必然要求。

2016年12月,中共中央办公厅、国务院办公厅为进一步加强河湖管理保护工作,落实属地责任,健全长效机制,印发了《关于全面推行河长制的意见》(以下简称《意见》),就全面推行河长制提出指导性意见,正式提出在全国范围内实施河长制。《意见》提出了包括指导思想、基本原则、组织形式、工作职责在内的总体要求,明确了河湖管理保护的六项工作任务及四项保障措施。具体如下:

(1)全面推行河长制总体要求。

①指导思想。全面贯彻党的十八大和十八届三中、四中、五中、六中全会精神,深入学习贯彻习近平总书记系列重要讲话精神,紧紧围绕统筹推进"五位一体"总体布局和协调推进"四个全面"战略布局,牢固树立新发展理念,认真落实党中央、国务院决策部署,坚持"节水优先、空间均衡、系统治理、两手发力"治水思路,以保护水资源、防治水污染、改善水环境、修复水生态为主要任务,在全国江河湖泊全面推行河长制,构建责任明确、协调有序、监管严格、保护有力的河湖管理保护机制,为维护河湖健康生命、实现河湖功能永续利用提供制度保障。

②基本原则如下:

——坚持生态优先、绿色发展。牢固树立尊重自然、顺应自然、保护自然的理念,处理好河湖管理保护与开发利用的关系,强化规划约束,促进河湖休养生息、维护河湖生态功能。

——坚持党政领导、部门联动。建立健全以党政领导负责制为核心的责任体系,明确各级河长职责,强化工作措施,协调各方力量,形成一级抓一级、层层抓落实的工作格局。

——坚持问题导向、因地制宜。立足不同地区不同河湖实际,统筹上下游、左右岸,实行一河一策、一湖一策,解决好河湖管理保护的突出问题。

——坚持强化监督、严格考核。依法治水管水,建立健全河湖管理保护监督考核和责任追究制度,拓展公众参与渠道,营造全社会共同关心和保护河湖的良好氛围。

③组织形式。全面建立省、市、县、乡四级河长体系。各省(自治区、直辖市)设立总河长,由党委或政府主要负责同志担任;各省(自治区、直辖市)行政区域内主要河湖设立河长,由省级负责同志担任;各河湖所在市、县、乡均分级分段设立河长,由同级负责同志担任。县级及以上河长设置相应的河长制办公室,具体组成由各地根据实际确定。

④工作职责。各级河长负责组织领导相应河湖的管理和保护工作,包括水资源保护、水域岸线管理、水污染防治、水环境治理等,牵头组织对侵占河道、围垦湖泊、超标排污、非法采砂、破坏航道、电毒炸鱼等突出问题依法进行清理整治,协调解决重大问题;对跨行政区域的河湖明晰管理责任,协调上下游、左右岸实行联防联控;对相关部门和下一级河长履职情况进行督导,对目标任务完成情况进行考核,强化激励问责。河长制办公室承担河长制组织实施具体工作,落实河长确定的事项。各有关部门和单位按照职责分工,协同推进各项工作。

(2)全面推行河长制主要任务。

①加强水资源保护。落实最严格水资源管理制度,严守水资源开发利用控制、用水效率控制、水功能区限制纳污三条红线(见图2-2),强化地方各级政府责任,严格考核评估和监督。实行水资源消耗总量和强度双控行动,防止不合理新增取水,切实做到以水定需、量水而行、因水制宜。坚持节水优先,全面提高用水效率,水资源短缺地区、生态脆弱地区要严格限制发展高耗水项目,加快实施农业、工业和城乡节水技术改造,坚决遏制用水浪费。严格水功能区管理监督,根据水功能区划确定的河流水域纳污容量和限制排污总量,落实污染物达标排放要求,切实监管入河湖排污口,严格控制入河湖排污总量。

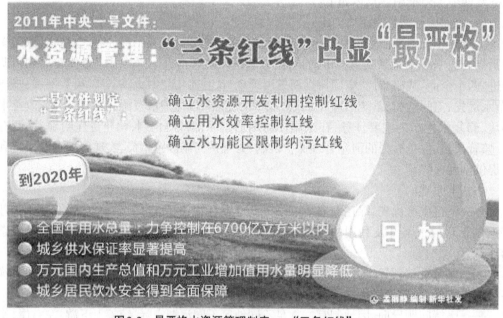

图2-2　最严格水资源管理制度——"三条红线"

②加强河湖水域岸线管理保护。严格水域岸线等水生态空间管控,依法划定河湖管理范围。落实规划岸线分区管理要求,强化岸线保护和节约集约利用。严禁以各种名义侵占河道、围垦湖泊、非法采砂,对岸线乱占滥用、多占少用、占而不用等突出问题开展清理整治,恢复河湖水域岸线生态功能。

③加强水污染防治。落实《水污染防治行动计划》,明确河湖水污染防治目标和任务,统筹水上、岸上污染治理,完善入河湖排污管控机制和考核体系。排查入河湖污染源,加

强综合防治,严格治理工矿企业污染、城镇生活污染、畜禽养殖污染、水产养殖污染、农业面源污染、船舶港口污染,改善水环境质量。优化入河湖排污口布局,实施入河湖排污口整治。

④加强水环境治理。强化水环境质量目标管理,按照水功能区确定各类水体的水质保护目标。切实保障饮用水水源安全,开展饮用水水源规范化建设,依法清理饮用水水源保护区内违法建筑和排污口。加强河湖水环境综合整治,推进水环境治理网格化和信息化建设,建立健全水环境风险评估排查、预警预报与响应机制。结合城市总体规划,因地制宜建设亲水生态岸线,加大黑臭水体治理力度,实现河湖环境整洁优美、水清岸绿。以生活污水处理、生活垃圾处理为重点,综合整治农村水环境,推进美丽乡村建设。

⑤加强水生态修复。推进河湖生态修复和保护,禁止侵占自然河湖、湿地等水源涵养空间。在规划的基础上稳步实施退田还湖还湿、退渔还湖,恢复河湖水系的自然连通,加强水生生物资源养护,提高水生生物多样性。开展河湖健康评估。强化山水林田湖草系统治理,加大江河源头区、水源涵养区、生态敏感区保护力度,对三江源、南水北调水源区等重要生态保护区实行更严格的保护。积极推进建立生态保护补偿机制,加强水土流失预防监督和综合整治,建设生态清洁型小流域,维护河湖生态环境。

⑥加强执法监管。建立健全法规制度,加大河湖管理保护监管力度,建立健全部门联合执法机制,完善行政执法与刑事司法衔接机制。建立河湖日常监管巡查制度,实行河湖动态监管。落实河湖管理保护执法监管责任主体、人员、设备和经费。严厉打击涉河湖违法行为,坚决清理整治非法排污、设障、捕捞、养殖、采砂、采矿、围垦、侵占水域岸线等活动。

(3)全面推行河长制保障措施。

①加强组织领导。地方各级党委和政府要把推行河长制作为推进生态文明建设的重要举措,切实加强组织领导,狠抓责任落实,抓紧制订出台工作方案,明确工作进度安排,到2018年年底前全面建立河长制。

②健全工作机制。建立河长会议制度、信息共享制度、工作督察制度,协调解决河湖管理保护的重点难点问题,定期通报河湖管理保护情况,对河长制实施情况和河长履职情况进行督察。各级河长制办公室要加强组织协调,督促相关部门单位按照职责分工,落实责任,密切配合,协调联动,共同推进河湖管理保护工作。

③强化考核问责。根据不同河湖存在的主要问题,实行差异化绩效评价考核,将领导干部自然资源资产离任审计结果及整改情况作为考核的重要参考。县级及以上河长负责组织对相应河湖下一级河长进行考核,考核结果作为地方党政领导干部综合考核评价的重要依据。实行生态环境损害责任终身追究制,对造成生态环境损害的,严格按照有关规定追究责任。

④加强社会监督。建立河湖管理保护信息发布平台,通过主要媒体向社会公告河长名单,在河湖岸边显著位置竖立河长公示牌,标明河长职责、河湖概况、管护目标、监督电话等内容,接受社会监督。聘请社会监督员对河湖管理保护效果进行监督和评价。进一步做好宣传舆论引导,提高全社会对河湖保护工作的责任意识和参与意识。

各省(自治区、直辖市)党委和政府要在每年1月月底前将上年度贯彻落实情况报党中央、国务院。中共中央办公厅、国务院办公厅印发的《关于全面推行河长制的意见》明确提出到2018年年底前各省(自治区、直辖市)要全面建立河长制。概括解读,有八大亮点:

亮点一:党政一把手管河湖

全面建立省、市、县、乡四级河长体系,各级河长由党委或政府主要负责同志担任。建立健全河湖管理保护监督考核和责任追究制度,强化考核问责,实行生态环境损害责任终身追究制,对造成生态环境损害的,严格按照有关规定追究责任。多头管水的"部门负责",将向"首长负责、部门共治"迈进。

亮点二:坚持问题导向、因河施策

坚持问题导向、因地制宜,立足不同地区不同河湖实际,统筹上下游、左右岸,实行一河一策、一湖一策,解决好河湖管理保护的突出问题。"北方有河皆干,南方有水皆污"的说法,虽然失之夸张,但南北方不同的水环境问题,确实要对症下药。

亮点三:社会参与、共同保护

拓展公众参与渠道,营造全社会共同关心和保护河湖的良好氛围。《意见》还要求建立河湖管理保护信息发布平台,通过主要媒体向社会公告河长名单,在河湖岸边显著位置竖立河长公示牌,主动接受社会监督。"民间河长""企业河长""百姓河长"将大有作为。

亮点四:部门联防、区域共治

各级河长牵头组织对侵占河道、围垦湖泊、超标排污、非法采砂、破坏航道、电毒炸鱼等突出问题进行清理整治,协调解决重大问题。对跨行政区域的河湖,要明晰管理责任,协调上下游、左右岸实行联防联控。江头江尾"同饮一江水"将不再是梦想。

亮点五:岸线有界,不得围湖

严禁以各种名义侵占河道、围垦湖泊、非法采砂,对岸线乱占滥用、多占少用、占而不用等突出问题开展清理整治,恢复河湖水域岸线生态功能。近年来,不时见诸报端的"圈湖盖房"、侵占河岸、湖光私用等行为可以休矣。

亮点六:综合防治,管住排污口

排查入河湖污染源,加强综合防治,严格治理工矿企业污染、城镇生活污染、畜禽养殖污染、水产养殖污染、农业面源污染、船舶港口污染,改善水环境质量。同时,因地制宜建设亲水生态岸线,加大黑臭水体治理力度,实现河湖环境整洁优美、水清岸绿。

亮点七:抓住重点生态保护区

推进河湖生态修复保护,强化山水林田湖系统治理,加大江河源头区、水源涵养区、生态敏感区保护力度,对三江源区、南水北调水源区等重要生态保护区实行更严格保护。同时,积极推进建立生态保护补偿机制,不让保护河湖生态者"吃亏"。

亮点八:定好时间表,两年之内全面建立河长制

我国已于2018年年底全面建立河长制。全面推行河长制是落实绿色发展理念、推进生态文明建设的内在要求,是解决我国复杂水问题、维护河湖健康生命的有效举措,是完善水治理体系、保障国家水安全的制度创新;有利于落实绿色发展理念,推进生态文明建设,为解决我国复杂水问题、维护河湖健康生命、完善水治理体系、保障国家水安全提供了重大制度保障。

2.2.2　河湖长制的意义

江河湖泊是水资源的重要载体,是生态系统和国土空间的重要组成部分,是经济社会发展的重要支撑,具有不可替代的资源功能、生态功能和经济功能。党的十八大以来,党中央高度重视河湖管理保护工作,明确指出河川之危、水源之危是生存环境之危、民族存续之危,强调保护江河湖泊,事关人民群众福祉,事关中华民族长远发展。江河湿地是大自然赐予人类的绿色财富,必须倍加珍惜。中央全面深化改革领导小组把制定实施河长制的政策文件列为年度工作要点,决定在全国全面推行河长制,并审议通过《关于全面推行河长制的意见》,充分彰显了中央加强河湖管理保护的鲜明态度,充分体现了全面推行河长制在生态文明体制改革中的重要作用。我们要切实把思想和行动统一到中央的决策部署上来,凝心聚力、合力攻坚,确保河长制落地生根、取得实效。全面推行河长制,具有十分重要的意义。

2.2.2.1　有利于提高思想认识,切实增强使命担当

全面推行河长制,是我国水治理体制和生态环境制度的重要创新,也是推进生态文明建设的重大举措。生态文明建设是"五位一体"总体布局和"四个全面"战略布局的重要内容,各地区各部门切实贯彻新发展理念,树立"绿水青山就是金山银山"的强烈意识,努力走向社会主义生态文明新时代。落实绿色发展理念,加强河湖管理保护,实现河畅、水清、岸绿、景美,是加快生态文明建设和美丽中国建设的必然要求,也是人民群众对美好生活的热切期盼。落实绿色发展理念,必须把河湖管理保护纳入生态文明建设的重要内容,作为加快转变发展方式的重要抓手,全面推行河长制,促进经济社会可持续发展。从解决我国复杂水问题看,当前我国新老水问题交织,集中体现在河湖水域萎缩、水体质量下降、生态功能退化等方面,亟须大力推行河长制,推进河湖系统保护和水生态环境整体改善,维护河湖健康生命。从完善水治理体系看,河湖管理是水治理体系的重要组成部分。

近年来,一些地区探索建立了党政主导、高位推动、部门联动、责任追究的河湖管理保护机制,积累了许多可复制、可推广的成功经验。实践证明,维护河湖健康生命、保障国家水安全,需要大力推行河长制,充分发挥地方党委政府的主体作用,明确责任分工、强化统筹协调,形成人与自然和谐发展的河湖生态新格局。地方各级党委政府作为河湖管理保护责任主体,各级水利部门作为河湖主管部门,要深刻认识全面推行河长制的重要性和紧迫性,切实增强使命意识、大局意识和责任意识,以全面推行河长制为契机,开拓进取、攻坚克难、勇于担当,扎实做好全面推行河长制各项工作,确保如期完成党中央、国务院确定的目标任务。

2.2.2.2　有利于把握总体要求,抓紧制订实施方案

全面推行河湖长制有利于加强河湖管理保护,对实施河湖综合治理做出了科学、系统、全面的顶层设计,明确提出地方各级党委和政府要抓紧制订出台工作方案,有利于落实各项河湖治理工作。我国已于2018年年底已全面建立河长制。根据《关于全面推行河长制的意见》,各地要按照工作方案到位、组织体系和责任落实到位、相关制度和政策措施到位、监督检查和考核评估到位的要求,抓紧制订工作方案,细化实化工作目标、主要任务、组织形式、监督考核、保障措施等内容,明确各项任务的时间表、路线图和阶段性目标,

由各地党委或政府印发实施。在推行河长制的过程中,要坚持把《意见》作为总依据、总遵循。

(1)准确把握指导思想。《意见》提出的指导思想,集中体现了我国现阶段新发展理念和新时期水利工作方针,明确提出了全面推行河长制的主要任务,凝练概括了责任明确、协调有序、监管严格、保护有力的河长制运行机制,确定了河长制的目标是为维护河湖健康生命、实现河湖功能永续利用提供制度保障。各地要准确把握这一指导思想,并切实贯穿到河长制工作的全过程。

(2)准确把握基本原则。坚持生态优先、绿色发展,牢固树立尊重自然、顺应自然、保护自然的理念,把是否有利于维护河湖生态功能作为首要考虑。坚持党政领导、部门联动,紧紧抓住以党政领导负责制为核心的责任体系,激发各地各级加强河湖管理保护的强大动能。坚持问题导向、因地制宜,采取有针对性的措施解决河湖管理保护中的突出问题。坚持强化监督、严格考核,加强对河长的绩效考核和责任追究,确保河长制落实到位。各地要按照“四个坚持”的要求,准确把握全面推行河长制的立足点、着力点、关键点和支撑点。

(3)准确把握组织形式。按照《意见》要求,要全面建立省、市、县、乡四级河长体系。各省、自治区、直辖市党委或政府主要负责同志担任本省、自治区、直辖市总河长;省级负责同志担任本行政区域内主要河湖的河长;各河湖所在市、县、乡均分级分段设立河长,由同级负责同志担任。各省、自治区、直辖市总河长是本行政区域河湖管理保护的第一责任人,对河湖管理保护负总责;其他各级河长是相应河湖管理保护的直接责任人,对相应河湖管理保护分级分段负责。河长制办公室承担具体组织实施工作,各有关部门和单位按职责分工,协同推进各项工作。

(4)准确把握时间节点。北京、天津、江苏、浙江、安徽、福建、江西、海南等率先在全省、直辖市范围内实施河长制的地区,要尽快按《意见》要求修订完善工作方案,2017年6月底前出台省级工作方案,2017年年底前制定出台相关制度及考核办法,全面建立河长制。其他省、自治区、直辖市在2017年年底前出台省级工作方案,2018年6月底前制定出台相关制度及考核办法,全面建立河长制。

2.2.2.3 有利于明确重点任务,着力解决河湖突出问题

推行河长制有六大主要任务,即加强水资源保护、水域岸线管理保护、水污染防治、水环境治理、水生态修复和涉河湖执法监管。这六大任务都是针对当前群众反应比较强烈、直接威胁生态安全的突出问题提出的,需要各地区、各部门结合本地实际,下大力气加以落实,让人民群众不断感受到河湖生态环境的改善。全面推行河湖长制,有利于解决河湖治理突出问题,具体如下:

(1)有利于将河湖进行分级管理。各地在水利普查基础上,进一步摸清辖区内河流湖泊现状,对河湖健康状况做出准确评估。在此基础上,根据河湖自然属性、跨行政区域情况,以及对经济社会发展、生态环境影响的重要性等,提出需要由省级负责同志担任河长的主要河湖名录,督促指导各市县尽快提出需由市、县、乡级领导分级担任河长的河湖名录。大江大河流经各省、自治区、直辖市的河段,也要分级分段设立河长。

(2)有利于加强河湖治理分类指导工作。各地河湖水情不同,发展水平不一,河湖保

护面临的突出问题也不尽相同,必须坚持问题导向,因地制宜,因河施策,着力解决河湖管理保护的难点、热点和重点问题。对生态良好的河湖,要突出预防和保护措施,特别要加大江河源头区、水源涵养区、生态敏感区和饮用水水源地的保护力度;对水污染严重、水生态恶化的河湖,要强化水功能区管理,加强水污染治理、节水减排、生态保护与修复等。对城市河湖,要处理好开发利用与生态保护的关系,划定河湖管理保护范围,加大黑臭水体治理力度,着力维护城市水系完整性和生态良好;对农村河湖,要加强清淤疏浚、环境整治和水系连通,狠抓生活污水和生活垃圾处理,保护和恢复河湖的生态功能。

(3)有利于强化河湖治理统筹协调工作。河湖管理保护工作要与流域规划相协调,强化规划约束,既要一段一长、分段负责,又要树立全局观念,统筹上下游、左右岸、干支流,系统推进河湖保护和水生态环境整体改善,保障河湖功能永续利用,维护河湖健康生命。对跨行政区域的河湖要明晰管理责任,加强系统治理,实行联防联控。流域管理机构要充分发挥协调、指导、监督、监测等重要作用。

2.2.2.4　有利于河湖治理高位推动和落实组织机构工作

坚持领导挂帅、高位推动,是地方实行河长制创造的一条宝贵经验。如江西省委书记、省长分别担任全省的总河长、副总河长,7位省级领导分别担任7条主要河流的河长。根据河长制实践经验,各省、自治区、直辖市党委或政府主要负责同志担任总河长,省级负责同志担任各省、自治区、直辖市行政区域内主要河湖河长,这既充分体现了河湖管理保护需要,也充分考虑了各地工作实际,具有很强的针对性、实效性和可操作性。全面推行河长制,各地按照中央的决策部署,有利于顺利启动河湖治理的相关工作。具体体现在以下几个方面:

(1)有利于成立协调推进机构。水利部成立了由主要负责同志任组长的全面推行河长制工作领导小组,各地也要成立领导机构,加强组织指导、协调监督,研究解决重大问题,确保河长制的顺利推进、全面推行。各级水行政主管部门要切实履行好河湖主管职责,全力做好河长制相关工作。

(2)有利于逐级逐段落实河长。各地要按照《意见》要求,抓紧明确本行政区域各级河长,以及主要河湖河长及其各河段河长,进一步细化、实化河长工作职责,做到守土有责、守土尽责、守土担责。

(3)有利于成立河长制办公室开展河湖治理工作。各地在河长的组织领导下,抓紧提出河长制办公室设置方案,明确牵头单位和组成部门,搭建工作平台,建立工作机构,落实河长确定的事项。

2.2.2.5　有利于做好河湖治理密切协调配合与建立健全配套制度工作

河湖管理保护是一项十分复杂的系统工程,涉及上下游、左右岸和不同行业。地方各有关部门要在河长的统一领导下,密切协调配合,建立健全配套工作机制,形成河湖管理保护合力。

(1)有利于建立河长会议制度。定期或不定期由河长牵头或委托有关负责人组织召开河长制工作会议,拟定和审议河长制重大措施,协调解决推行河长制工作中的重大问题,指导督促各有关部门认真履职尽责,加强对河长制重要事项落实情况的检查督导。

(2)有利于建立部门联动制度。建立水利部会同生态环境部等相关部委参加的全面推行河长制工作部际协调机制,强化组织指导和监督检查,协调解决重大问题。地方也要加强部门之间的沟通联系和密切配合。

(3)有利于建立信息报送制度。各地要动态跟踪全面推行河长制工作进展,定期通报河湖管理保护情况,每两个月将工作进展情况报送水利部及生态环境部,每年1月10日前将上一年度工作总结报送水利部及生态环境部,按要求及时向党中央、国务院上报贯彻落实情况。

(4)有利于建立工作督察制度。各级河长负责牵头组织督察工作,督察对象为下一级河长和同级河长制相关部门。督察内容包括河长制体系建立情况,人员、责任、机构、经费落实情况,工作制度完善情况,主要任务完成情况,失职追责情况等,确保河长制不跑偏方向、不流于形式。

(5)有利于建立验收制度。各地要定期总结河长制工作开展情况,按照工作方案确定的时间节点,及时对建立河长制进行验收,不符合要求的要一河一单,督促整改落实到位。

2.2.2.6 有利于加强河湖治理工作依法管理与完善长效管理机制

当前河湖管理保护中存在的一些突出问题,反映出一些地方仍然存在有法不依、执法不严的现象。全面推行河长制,必须把加大法治建设力度作为根本性制度措施,切实将涉河涉湖活动纳入法治化轨道。

(1)有利于要健全涉河法规体系。各地要在严格执行《水法》《防洪法》《水污染防治法》《河道管理条例》等法律法规基础上,结合各自实际,抓紧完善本地水资源保护、水域岸线管理、水污染防治、水环境治理、水生态修复等方面的法规制度,完善行政执法与刑事司法衔接机制,确保河湖管理保护工作有法可依、有章可循。

(2)有利于严禁涉河违法活动。要划定河湖管理范围,加强水域岸线管理和保护,严格涉河建设项目和活动监管,持续组织开展河湖专项执法活动,坚决清理整治非法排污、设障、捕捞、养殖、采砂、采矿、围垦、侵占水域岸线等活动。对大江大河重点江段和省际边界敏感水域,要协调上下游、左右岸实行联防联控,加强系统治理。

(3)有利于强化日常巡查监管。要完善河湖日常监管巡查制度,制订巡查方案,明确巡查责任,落实河湖执法机构、人员、装备和经费,利用遥感、GPS等技术手段,对重点河湖、水域岸线进行动态监控,对涉河湖违法违规行为做到早发现、早制止、早处理。

2.2.2.7 有利于强化对河湖治理工作开展监督检查与严格责任考核追究

强化监督考核,严格责任追究,是确保全面推行河长制任务落到实处、工作取得实效的重要保障。

(1)便于强化监督检查。在全面推行河湖长制工作过程中,各地对照《关于全面推行河长制的意见》以及工作方案,加强对河长制工作的督促、检查、指导,确保各项任务落到实处。水利部将建立部领导牵头、司局包省、流域机构包片的河长制工作督导检查机制,定期对各地河长制实施情况开展专项督导检查。

(2)便于严格考核问责。各地针对不同河湖存在的主要问题,实行差异化绩效评价考核,抓紧制定考核办法,明确考核目标、主体、范围和程序,并将领导干部自然资源资产离任审计结果及整改情况作为考核的重要参考。县级及以上河长负责对相应河湖下一级河长进行考核,考核结果要作为地方党政领导干部综合考核评价的重要依据。实行生态环境损害责任终身追究制,对造成生态环境损害的,严格按照有关规定追究责任。水利部将把全面推行河长制工作纳入最严格水资源管理制度考核,生态环境部将把全面推行河长制工作纳入水污染防治行动计划实施情况考核。

(3)便于接受社会监督。建立河湖管理保护信息发布平台,通过主要媒体向社会公告河长名单,在河湖岸边显著位置竖立河长公示牌,标明河长职责、河湖概况、管护目标、监督电话等内容,接受社会和群众监督。聘请社会监督员对河湖管理保护效果进行监督和评价。

2.2.2.8 有利于抓好宣传引导,积极营造良好氛围

社会公众广泛参与是保障河长制有效实施的关键所在。各地要切实抓好舆论宣传引导工作,提高全社会对河湖保护工作的责任意识和参与意识。

(1)有利于加强政策宣传解读工作。在全面推行河湖长制的过程中,各地组织精干力量对全面推行河长制进行多角度、全方位的宣传报道,准确解读河长制工作的总体要求、目标任务、保障措施等,为全面推行河长制营造良好舆论环境。

(2)有利于加强河湖长制经验总结推广工作。积极开展推行河长制工作的跟踪调研,不断提炼和推广各地在推行河长制过程中积累的好做法、好经验、好举措、好政策,进一步完善河长制制度体系。水利部将组织开展多种形式的经验交流,促进各地相互学习借鉴。

(3)有利于广泛凝聚社会共识。充分利用报刊、广播、电视、网络、微信、微博、客户端等各种媒体和传播手段,通过群众喜闻乐见、易于接受的方式,加大河湖科普宣传力度,让河湖管理保护意识深入人心,成为社会公众的自觉行动,营造全社会关爱河湖、珍惜河湖、保护河湖的良好风尚。

河长制是我国政府部门为加强生态环境保护力度而提出的针对性管理手段。河长制对工作人员的职责与权利进行了明确划分,有助于处理严重水污染现象,提高我国生态环境质量,极大缓和人与自然之间的矛盾,有利于我国经济可持续发展。全面推行河长制,任务艰巨,责任重大、使命光荣。我们要锐意进取、主动担当、攻坚克难、真抓实干,全面落实河长制各项任务,努力开创河湖管理保护工作新局面,为全面建成小康社会做出新的更大的贡献!

2.3 河湖长制的主要目标及任务

2.3.1 河长制的主要目标

河长制是由各级党政主要负责人担任"河长",负责相应河湖的管理和污染治理工作的一种创新制度。明确了河湖管理保护的六大工作任务:加强水资源保护,全面落实最严格水资源管理制度;加强河湖水域岸线管理保护,严格水域、岸线等水生态空间管控;加强水污染防治,统筹水上、岸上污染治理,排查入河湖污染源,优化入河排污口布局;加强水环境治理,保障饮用水水源安全,加大黑臭水体治理力度,实现河湖环境整洁优美、水清岸绿;加强水生态修复,依法划定河湖管理范围,强化山水林田湖系统治理;加强执法监管,严厉打击涉河湖违法行为。

《意见》规定了各级河长的职责,要求河长负责组织领导相应河湖的管理和保护工作,牵头组织对河湖突出问题依法进行清理整治,协调解决重大问题;对跨行政区域的河湖明晰管理责任,协调上下游、左右岸实行联防联控;对相关部门和下一级河长履职情况进行督导,对目标任务完成情况进行考核,强化激励问责。《意见》还强调了河长制办公室建设的重要性,河长制办公室承担河长制组织实施具体工作,落实河长确定的事项,各有关部门和单位按照职责分工,协同推进各项工作。河长制办公室的设立能避免河长制实施过程中相关政策、治理工程和实施方案的变动,为水环境治理和生态环境的保护提供保障。

2.3.2　河长制的主要任务

根据中共中央办公厅、国务院办公厅印发的《关于全面推行河长制的意见》,明确了河长制的六项工作任务,具体包括以下内容。

2.3.2.1　加强水资源保护

落实最严格水资源管理制度,严守水资源开发利用控制、用水效率控制、水功能区限制纳污三条红线,强化地方各级政府责任,严格考核评估和监督。实行水资源消耗总量和强度双控行动,防止不合理的新增取水,切实做到以水定需、量水而行、因水制宜。坚持节水优先,全面提高用水效率,水资源短缺地区、生态脆弱地区要严格限制发展高耗水项目,加快实施农业、工业和城乡节水技术改造,坚决遏制用水浪费。严格水功能区管理监督,根据水功能区划确定的河流水域纳污容量和限制排污总量,落实污染物达标排放要求,切实监管入河湖排污口,严格控制入河湖排污总量。

2.3.2.2　加强河湖水域岸线管理保护

严格水域岸线等水生态空间管控,依法划定河湖管理范围。落实规划岸线分区管理要求,强化岸线保护和节约集约利用。严禁以各种名义侵占河道、围垦湖泊、非法采砂,对岸线乱占滥用、多占少用、占而不用等突出问题开展清理整治,恢复河湖水域岸线生态功能。

2.3.2.3　加强水污染防治

落实《水污染防治行动计划》,明确河湖水污染防治目标和任务,统筹水上、岸上污染治理,完善入河湖排污管控机制和考核体系。排查入河湖污染源,加强综合防治,严格治理工矿企业污染、城镇生活污染、畜禽养殖污染、水产养殖污染、农业面源污染、船舶港口污染,改善水环境质量。优化入河湖排污口布局,实施入河湖排污口整治。

2.3.2.4　加强水环境治理

强化水环境质量目标管理,按照水功能区确定各类水体的水质保护目标。切实保障饮用水水源安全,开展饮用水水源规范化建设,依法清理饮用水水源保护区内违法建筑和排污口。加强河湖水环境综合整治,推进水环境治理网格化和信息化建设,建立健全水环境风险评估排查、预警预报与响应机制。结合城市总体规划,因地制宜建设亲水生态岸线,加大黑臭水体治理力度,实现河湖环境整洁优美、水清岸绿。以生活污水处理、生活垃圾处理为重点,综合整治农村水环境,推进美丽乡村建设。图2-4为广州市东濠涌整治后的河道景观。

图 2-3　广州市东濠涌整治后的河道景观

2.3.2.5　加强水生态修复

推进河湖生态修复和保护,禁止侵占自然河湖、湿地等水源涵养空间。在规划的基础上稳步实施退田还湖还湿、退渔还湖,恢复河湖水系的自然连通,加强水生生物资源养护,提高水生生物多样性。开展河湖健康评估。强化山水林田湖草系统治理,加大江河源头区、水源涵养区、生态敏感区保护力度,对三江源区、南水北调水源区等重要生态保护区实行更严格的保护。积极推进建立生态保护补偿机制,加强水土流失预防监督和综合整治,建设生态清洁型小流域,维护河湖生态环境。

2.3.2.6　加强执法监管

建立健全法规制度,加大河湖管理保护监管力度,建立健全部门联合执法机制,完善行政执法与刑事司法衔接机制。建立河湖日常监管巡查制度,实行河湖动态监管。落实河湖管理保护执法监管责任主体、人员、设备和经费。严厉打击涉河湖违法行为,坚决清理整治非法排污、设障、捕捞、养殖、采砂、采矿、围垦、侵占水域岸线等活动。

2.4　河湖长制发展演变特点及难题

2.4.1　河湖长制发展演变特点

自中共中央办公厅和国务院办公厅《关于全面推行河长制的意见》印发以来,短短两年时间,31 个省(自治区、直辖市)建立了河长制湖长制,如期实现了中央确定的阶段目标。截至 2018 年年底,纳入全国水利普查名录 2 865 个湖泊,以及名录外 1.2 万个湖泊(含水库、人工湖泊)完成分级分区湖长设立;设立省、市、县、乡级湖长 2.4 万名,85 名省级领导担任82个湖泊(含湿地)、26个水库最高级湖长;29个省份将湖长体系延伸到村级,设立村级湖长3.3万名。全国百万河长湖长上岗履职,河湖管理和保护发生重大转变,得到全面加强,河畅、水清、岸绿、景美的河湖景象逐步显现,河湖面貌大为改观,人民群众的获得感、幸福感、认同感不断提升,全社会关爱河湖、保护河湖局面基本形成。河长制湖长制作为河湖管理和保护的一项重大制度创新,表现出特有的生机和活力。全面推行河长制是落实绿色发展理念、推进生态文明建设的内在要求,是解决我国复杂水问题、维护河湖健康生命的有效举措,是完善水治理体系、保障国家水安全的制度创新。概括地讲,河湖长制发展演变特点如下。

2.4.1.1　先进理念,引领发展

全面推行河长制湖长制,很好地贯彻了十八届五中全会"创新、协调、绿色、开放、共享"的发展理念;十九大"绿水青山就是金山银山",统筹山水林田湖草系统治理,走生产发展、生活富裕、生态良好的文明发展道路;"节水优先、空间均衡、系统治理、两手发力"的治水思路。大力推进生态文明建设、维护河湖健康生命、保障国家水安全、建设美丽中国,是实现中华民族伟大复兴梦的重要部署和战略举措。

2.4.1.2　统一意志,制度优势

党中央把人民的意愿、先进的理念、经济发展和社会进步的要求进行高度集中和融合,做出重要决策,形成全党全国上下统一的意志和行动,这是其他国家和政党难以做到的,这一举国体制是我们特有的制度优势。

2.4.1.3　党政同责,属地负责

河长制湖长制不同于其他工作的行政首长负责制,是党政同责、党政主要领导负责制为核心的责任制。是落实地方党政领导河湖管理保护主体责任的一项重大制度创新。河长制湖长制明确地方是责任主体,要落实属地责任。河长湖长应守河守湖有责,守河守湖尽责,提高政治站位,增强责任担当。

2.4.1.4　领导挂帅,高位推动

党政主要领导亲自挂帅、靠前指挥、率先垂范、巡河调研、督办落实、高位推动,产生明显的挂帅效应、权威效应和垂范效应。据统计,至2018年年底,省级河湖长累计巡河1 610人次(见图2-4),其中党政主要负责同志累计巡河巡湖347人次,市、县、乡级河长累计巡河巡湖717.2万人次,有效加强了河流的管理和保护。

2.4.1.5　建立机制,高效运行

省、市、县、乡、村五级河湖长已就位,县级以上河长办已设立,实现了对河流湖泊和行政区域的全覆盖,自上而下建立健全了系统的组织体系、明确的责任体系和有效的运行协调机制,形成了党政负责、水利牵头、部门联动、社会参与的工作格局。河长办公室由水利部门牵头,相关部门联合组成,有专门的机构和人员承担河湖长制的日常工作,建立工作平台,实行集中办公,沟通上下,协调各方,强化检查,抓好督办,推动河湖长制各项任务的落实。

2.4.1.6　齐抓共管,形成合力

强化部门间的协同配合,统筹上下游、左右岸联防联控,打破行业和地区边界,整合力量,齐抓共管,形成合力。经国务院同意,建立了由水利部牵头的全面推行河长制工作部

图 2-4　各级河湖长常态化巡河

际联席会议制度;水利部、原环境保护部印发贯彻落实《关于全面推行河长制的意见》实施方案;各省、市、县都建立了党政领导挂帅的部门协同联动机制,形成各司其职、密切配合、齐抓共管的工作格局;有的地方上下游、左右岸建立了联防联控机制。

2.4.1.7　综合执法,强力监管

利用河长制平台,整合行政资源和执法力量,完善行政执法与刑事司法衔接机制,开展联合执法,综合执法,集中整治,强力打击,取得明显成效。水污染防治法已写入河长制;另外,江苏省将“全面实行河长制”纳入《江苏省河道管理条例》,浙江省出台《浙江省河长制规定》,黑龙江、辽宁、陕西等设立河湖警长,江西、福建等建立生态检察室、驻河长办检察联络室,内蒙古、云南、甘肃、新疆等地推行多部门联合执法(见图 2-5)。

图 2-5　(福州台江区)多部门联合执法　落实河长制

2.4.1.8 督导考核,奖惩问责

国务院将河长制湖长制实施情况作为30项督察激励措施之一;中央文明办将河长制湖长制纳入全国文明城市测评体系;水利部会同生态环境部对河长制工作建立了评估机制,会同发改委等将河长制纳入水资源管理考核,联合财政部设立河长制专门奖补资金,建立部领导牵头、司局包省、流域机构包片督导机制;生态环境部将河长制纳入中央环保督察;各地河长逐级考核问责;各地将领导干部自然资源资产纳入离任审,实行生态环境损害责任终身追究,地方党委督察室、政府督察室等开展河长制专项督察,浙江、江西、江苏、重庆等地开展不同形式评优,形成激励和追责机制。

2.4.1.9 社会监督,全民参与

通过公示河长名单,树立河长公示牌(见图2-6),公布监督电话,聘请民间河长,建立微信公众号、河长APP等方式,主动接受社会监督,鼓励公众参与,使推行河长制成为全社会的共同行动。中央文明办、水利部开展"关爱山川河流·保护乡村河道"大型志愿服务暨公益宣传活动;浙江省建立《河长履职电子化考核办法》和河长制信息化平台,实现"点一点检查河长履职,拍一拍上传巡查照片,扫一扫查看河道水质",河长巡河实现痕迹化管理;天津、宁夏等地推行电视问政、有奖举报、督促河长湖长履职、部门尽责;湖南设立96 322河长制监督举报电话,招募5 000多名民间河长;安徽、青海等地设立河湖保洁公益岗位,优先聘用"建档立卡"贫困户;湖北创新官方+民间"双湖长制",全省共明确民间湖长1 419名、河湖志愿者2万余人;广东、广西等地建立公众参与机制,招募民间河长、志愿者服务队;还有的地方设立"党员河长""企业河长""乡贤河长""记者河长"等民间河长(见图2-7)。

2.4.1.10 问题导向,因地制宜

河长制湖长制推行以来,各地深入分析排查河湖管理保护中的突出问题,坚持问题导向,结合当地实际,因地制宜推进河湖治理和保护。水利部组织开展全国河湖"清四乱"(乱占、乱采、乱堆、乱建)专项行动;开展长江干流岸线保护和利用专项检查、长江经济带

图2-6 河长公示牌

图2-7 广东升级版河长制突出岭南特色

固体废物大排查、长江入河排污口专项检查、长江河道采砂专项整治、沿江非法码头专项整治等一系列长江大保护专项行动;开展了全国水库垃圾围坝专项整治行动、河道非法采砂、黑臭水体治理攻坚、农村人居环境整治等行动,取得了较显著的效果。如江苏、湖北、湖南等地实施退圩还湖、退渔还湖,有效增加河湖水域面积;浙江基本消除水体黑臭现象;福建12条主要河流Ⅰ~Ⅲ类水比例达95.8%。

2.4.2 推进河湖长制主要途径和面临的难题

2.4.2.1 推进河湖长制主要途径

为推动河长制尽快从"有名"向"有实"转变,实现名实相副,取得实效,水利部研究制定了《关于推动河长制从"有名"到"有实"的实施意见》(简称《实施意见》)。《实施意见》明确指出:2018年6月底,全国31个省(自治区、直辖市)全面建立河长制,河长制的组织体系、制度体系、责任体系初步形成,实现了河长"有名",全面推行河长制进入新阶段。推进河湖治理工作,主要包括以下具体途径:

(1)划定河湖管理范围。河道、湖泊管理范围,由有关县级以上地方人民政府划定,并向社会公布。各地要按照《中华人民共和国水法》《中华人民共和国防洪法》《中华人民共和国河道管理条例》等法律法规规定,提请地方人民政府抓紧开展河湖管理范围划定工作;流域管理机构直接管理的河道、湖泊管理范围,由流域管理机构会同县级以上地方人民政府划定。各地要抓紧完成本行政区域内国有水管单位管理的河湖管理范围划定工作,已划定管理范围的河湖,要明确管理界线、管理单位和管理要求,规范设立界桩和标识牌。

(2)建立"一河一档"。在第一次全国水利普查的基础上,调查摸清本行政区域内全部河流的分布、数量、位置、长度(面积)、水量等基本情况,制定完善河湖名录;按照"先易后难、先简后全"的原则分阶段建立"一河一档",2018年12月月底前收集河湖自然属性、河长信息等河湖基础信息,完成基础信息填报工作,同时兼顾河湖水资源、水功能区、取排水口、水源地、水域岸线等动态信息,逐步完善"一河一档"。

(3)编制"一河一策"。坚持问题导向,按照系统治理、分步实施原则,明确河湖治理保护的路线图和时间表,提出问题清单、目标清单、任务清单、措施清单、责任清单,科学编制"一河一策"。省级领导担任河长的河流"一河一策"方案要在2018年年底前全部编制完成,其他河流湖泊的"一河(湖)一策"方案要压茬推进。"一河(湖)一策"方案实施周期原则上2~3年,各地要及时动态调整。"一河(湖)一策"提高了河湖的治理效率和水平,见图2-8。

图2-8　"一河一策"让河浜亮起来

(4)抓好规划编制。水利部将制定河湖岸线保护和利用规划、采砂管理规划的编制指南。各地要根据流域综合规划、流域防洪规划及水资源保护规划、岸线保护利用规划等重要规划,结合本地实际,科学编制相关规划,强化规划约束,让规划管控要求成为河湖管理保护的"红绿灯""高压线",同时疏堵结合、采禁结合,在保护岸线、河势稳定、行洪航运安全的前提下,予以科学、合理、有序开发利用。对于有岸线利用需求的河湖,要编制河湖水域岸线保护利用规划,划定岸线保护区、保留区、控制利用区和可开发利用区,严格岸线分区管理和用途管制。对于有采砂管理任务的河湖,要编制河湖采砂规划。七大江河及其跨省主要支流的岸线规划和采砂规划,由有关流域管理机构商相关省级水行政主管部门,明确规划编制的主体和程序。

(5)推广应用大数据等技术手段。要加快完善河湖监测监控体系,积极运用卫星遥感、无人机、视频监控等技术,加强对河湖的动态监测,及时收集、汇总、分析、处理地理空间信息、跨行业信息等,为各级河长决策、部门管理提供服务,为河湖的精细化管理提供技术支撑。

推进河湖治理工作,要加强统筹协调,夯实工作基础和落实保障措施,具体要落实的保障措施主要如下:

(1)建立责任机制。河湖最高层级的河长是第一责任人,对河湖管理保护负总责,市、县、乡级分级分段河长对河湖在本辖区内的管理保护负直接责任,村级河长承担村内河流"最后一公里"的具体管理保护任务。各地要结合本地实际,按照不同层级河长管辖范围,分类细化实化各级河长任务,明确河长履职的具体内容、要求和标准,将"清四乱"作为检验河湖面貌是否改善、河长是否称职的底线要求。水利部将继续全面推行河长制湖长制工作情况纳入最严格水资源管理制度考核,并在2018年年底组织开展全面推行河长制湖长制总结评估。各地要严格实施上级河长对下级河长的考核,将考核结果作为干部选拔任用的重要参考。要建立完善责任追究机制,对于河长履职不力,不作为、慢作为、乱作为,河湖突出问题长期得不到解决的,严肃追究相关河长和有关部门责任。

(2)建立督察机制。建立全覆盖的河长制督察体系,以务实管用高效为目标,明查暗访相结合、以暗访为主,不发通知、不打招呼、不听汇报、不用陪同,直奔基层、直插现场,采用飞行检查、交叉检查、随机抽查等方式,及时准确掌握各级河长履职和河湖管理保护的真实情况。对发现的突出问题,采取一省一单、约谈、通报、挂牌督办、在媒体曝光等多种方式,加大问题整改力度。对违法违规的单位、个人依法进行行政处罚,构成犯罪的,移交有关部门依法追究刑事责任,对有关河长、责任单位和责任人,进行严肃追责,做到原因未查清不放过、责任人员未处理不放过、责任人和群众未受教育不放过、整改措施未落实不放过。

(3)要加强流域内沟通协调。流域管理机构要充分发挥协调、指导、监督、监测作用,与流域内各省(自治区、直辖市)建立沟通协商机制,研究协调河长制工作中的重大问题,如跨省河湖的一河一策方案,区域联防联控、联合执法行动等;按照水利部统一要求,对地方河长制湖长制任务落实情况进行暗访督察,对水利部暗访发现问题整改进行跟踪督导;强化流域控制断面特别是省际断面的水量、水质监测评价,并将监测结果及时通报有关地方,作为评价河长制工作的重要依据。

(4)要加强区域间联防联治。各区域间要加强沟通协调,河流下游要主动对接上游,左岸要主动对接右岸,湖泊占有水域面积大的要主动对接水域面积小的,积极衔接跨行政区域河湖管理保护目标任务,统筹开展跨行政区域河湖专项整治行动,探索建立上下游水生态补偿机制,推动区域间联防联治。

(5)要加强部门沟通协作。各地要细化部门分工,细化部门责任,细化工作标准,将河长制年度目标任务逐一分解落实到部门,制定可量化、可考核的工作目标要求,督促逐项任务明确责任人,推动各部门在河长的统一领导下,既分工合作,各司其职,又密切配合,形成合力。河长制办公室要做好组织、协调、分办、督办工作,落实河长确定的事项。各地要强化河长制办公室能力建设,配齐人员、设备和经费,满足日常工作需要。

(6)健全公众参与机制。各地制定河湖治理保护方案时,要充分听取社会公众和利益相关方的意见,对于群众反映强烈的突出问题,要优先安排解决。要加强对民间河长的引导,发挥民间河长在宣传治河政策、收集反映民意、监督河长履职、搭建沟通桥梁等方面的积极作用。水利部设立河长制监督电子信箱 hzjd@mwr.gov.cn,各地也要通过设立监督电话、公开电子信箱、发布微信公众号等方式,畅通公众反映问题的渠道,建立激励性的监督举报机制,调动社会公众监督积极性。各级河长制办公室设立的监督电话要保证畅通,对群众反映的问题要及时予以处理,群众实名举报的问题,要把处理结果反馈给举报人,一时难于解决的问题要做出合理解释。

(7)建立河湖管护长效机制。各地要建立健全法规制度,建立河湖巡查、保洁、执法等日常管理制度,落实河湖管理保护责任主体、人员、设备和经费,实行河湖动态监控,加大河湖管理保护监管力度。建立河湖巡查日志,对巡查时间、巡查河段、发现问题、处理措施等做出详细记录,对涉河湖违法违规行为做到早发现、早制止、早处理。

(8)加强宣传引导。在全面推行河长制工作中,涌现出很多典型经验和创新举措,特别是基层的好做法、好经验,水利部将从各地选择一批治理成效明显的典型河湖,打造河畅、水清、岸绿、景美的示范河湖,各地也要注重挖掘提炼,通过现场会、案例教学、示范试点等方式,予以总结推广,发挥示范带动作用。同时,要综合利用传统媒体以及微信公众号、客户端等新媒体,宣传各地河湖管理保护专项行动及取得的成效。对群众反映的、暗访发现的河湖突出问题和河长履职不到位等重大问题,一经核实,要主动曝光。水利部网站和微信公众号设立曝光台,各地也要设立曝光台,同时要规范问题调查核实、问题曝光、问题处置、追责问责等工作程序,推动曝光问题整改落实。

2.4.2.2　推进河湖长制过程中面临的难题

河长制作为新时期河湖管理方式上的创新之举,有利于治理水生态水环境问题,有利于推进国家生态文明建设。河长制发展至今,伴随着中央的推广和"五水共治"工程的推进(见图2-9),从一项应急处理措施升级为全国地方治水实践中的基础治理机制,成绩斐然。但是不可否认,即便是解决了过去河湖管护治理存在的诸多难题,但河长制在其实施过程中仍存在一些问题。

图2-9　"五水共治"

1.河长制治理能力有待提高

部分地区河长制注重政策制定、机构设置等制度建设,治理体系完善,但治理能力略显不足。河长制实施中较少考虑地区和河流具体情况,重政策制定,轻政策落实,难以实现"一河一策""因河施策"。不同河流河段治理重点不同,不考虑具体情况,照章执行上级政策,难以对症下药,不利于水治理能力的现代化。

2.部门联动有待加强

推行河长制湖长制十分关键的一个问题就是解决部门和行业之间的壁垒,变"九龙治水"为"统一作战",最终形成群策群力、上下联动、齐抓共管的共同推进格局。但从目前情况看,部门联动与河长制湖长制的要求相比还存在一定的差距。有的地方河湖长履职不到位,重形式、轻实效、风声大雨点小,造成河长制办公室在实际工作中协调其他部门的难度较大,部门协作的力度不强。有的地方虽然明确了部门职责,进行了任务分工,但在实际操作层面,"环保不下河、水利不上岸"等类似的尴尬现象仍然不同程度地存在。在工作部署上,河湖清违清障、农村人居环境整治、剿灭劣Ⅴ类水体、畜禽养殖整治、黑臭水体治理等专项行动均涉及河长制湖长制的工作内容,但在具体实施中往往相关部门各自为政,缺少在河长制湖长制的框架体系内形成相互联系、共同推进的工作格局。

3.基础工作有待夯实

河湖管理保护范围划定是开展河湖管理最根本、最基础的工作,虽然水利部出台了指导意见,但受划界工作涉及部门多、历史遗留问题多、资金落实不到位等因素影响,整体进度还不够理想,已完成划界的一些河湖还存在划界不规范、刻意回避难点问题等情况,进而对河湖违法问题界定、开展清理整治和日常管理等产生不利影响。在河湖岸线利用管理规划方面存在起步晚、进度慢、工作被动的局面,有的地区尚未开展相关规划编制或已编制但未审批,有的地区由于工作滞后或者在其他部门出台相关规划时重视程度不够,导致一些河湖岸线或开发利用行为被纳入其他行业或部门规划红线管理,造成工作被动。例如,有的河湖在编制岸线利用管理规划前已被整体划入生态保护红线,禁止一切开发利用行为,导致在进行一些常规性的工程管护、应急度汛、河湖治理等工程时也受到严格制约,影响到河湖安全,并且一些原本符合开发利用条件的岸线也因红线管理而无法得到有效利用,影响了河湖综合效益的发挥。

4.工作措施有待实化

为开展河湖综合整治和系统治理,各地都编制了"一河(湖)一策",对本区域河湖存在的问题进行摸排分析,分阶段明确任务目标,提出解决对策。但在实际工作中,"一河(湖)一策"往往由于问题研究不透、相关情况掌握不全、任务目标"一刀切"和解决问题的措施不细、针对性不强等原因,在实施时流于形式、难以操作,存在只是按照上级部门要求编制了整治方案但无法有效实施的情况。在具体工作开展时,仍是"从上""从检查""从考核",缺少开展系统整治、实事求是、因地施策的思路、目标和举措。在工作推进中,各级河长都按规定开展了巡河督导,但有的地方仍存在"形式大于内容""重表象、轻实效"的现象,发现和解决问题时避重就轻,解决"皮毛"问题多,"铁腕"治理情况少。在工作考核上,各地虽然都制定了考核办法,明确了考核标准,但实际考核中仍然存在"拿不下面子""一团和气"的现象,真追责、敢追责、严追责、动真碰硬的工作力度还不够大,措施还不够多、不够严、不够细。

5.社会参与有待深化

河湖生态环境问题与每个人的生活理念、生活方式、生活习惯息息相关,需要社会公众都参与进来,避免陷入边治理、边破坏的困局。同时,河湖水系数量多、空间分布广的自然属性也决定了要想做好河湖管护就必须发动全社会的力量,形成共识,实现共振。但就目前情况看,公众参与渠道和参与模式还十分有限,主要的公众参与方式是投诉举报,虽然有的地方设立了民间河湖长、社会监督员等,进行了有益尝试,但其参与决策、参与治理、参与管护、参与监督、参与宣传的力度还远远不够,公众参与平台单一、程序不规范、利益诉求传递途径不顺畅,造成社会公众对河长制湖长制工作关心少、参与度低、积极性不高。河长制要求加强社会监督,及时发布相关信息,提高全社会的责任意识和参与意识。社会公众既是河流良好环境的受益者,也可能是河流环境污染的制造者和受害者,必须让社会公众参与河长制建设。

6.科技手段有待强化

河长制湖长制信息管理系统在实际工作中应用不足,还存在数据不准确、信息不共享、考核评估难以应用等情况。"一河一档""一湖一档"等河湖基础信息数据库尚未全面建立,河湖信息的动态性、实时性、全面性有所欠缺。水质、水量监测体系不完备,部分河湖跨界断面缺少水质监测设施,多部门监测数据实时共享体系尚未建立。河湖工程安全监测设施相对薄弱,经过常年运行,设施完好率低,并且安全监测技术手段落后,一些地区仍然采用原始的、靠经验判断的监测方法。河湖动态监控体系落后,大部分地区仍采用人工巡查的方式发现河湖存在的问题,无人机巡查、遥感影像监测等现代化的技术手段应用还不广泛,依靠大数据分析和处理问题的能力还不强。

7.法制体系有待加强

根据《中华人民共和国水法》和《中华人民共和国环境保护法》,水污染防治和水环境治理是地方政府的责任,河长制由各级党政主要领导担任河长,承担河流水环境的首要责任。新的《中华人民共和国水污染防治法》为设置河长提供了法律依据,但河长并非党政序列正式职务。河长和流域地方政府的水环境责任存在交叉和重叠,不利于责任落实和监督。治河事务需要现有体制发挥作用,但依靠河长个人权力而非正式制度调动行政资源,不利于河长制长效机制建立。

8.河长制实施绩效考核有待完善

绩效考核是压实责任的关键一招,要求差异化考核,量化考核指标。河长制实际执行过程中,普遍存在以一套标准考核所有河长,考核内容中重制度、轻落实;重痕迹、轻实绩;重指标、轻效益。考核标准中水对于治水成本和水资源利用效率效益等指标的考核不足,难以适应不同地区的水资源保护和经济发展需要。

2.4.3　河湖长制推进过程中存在问题原因分析

河湖长制推进过程中存在诸多问题,究其原因,主要有如下几个方面。

2.4.3.1　重视程度不够

部分地区党政领导对河湖管理保护的重要性和紧迫性认识不足,没有站在建设生态文明、推动河湖永续利用的角度来思考问题,有的只做表面文章,对一些难点问题缺少一抓到底的恒心和毅力。一些相关部门对河长制湖长制仍然存在误区,片面地理解这主要是水利部门的事,自己只需要做好配合就可以了,这就导致有些工作积极性不高,缺少工作合力。

2.4.3.2 管理能力建设不足

河长制湖长制实施以来,虽然各级都组建了河长制办公室,但负责具体抓任务落实的县、乡两级河长制办公室却普遍存在人员少、任务重、技术力量弱的情况,一人肩负多项任务已成常态,造成对工作疲于应付,对一些基础性工作如划界确权、岸线规划、"一河(湖)一策"等缺少细致研究和长远考虑。同时,有的地区河长制办公室未取得正式编制,仍然由临时抽调人员组成,造成工作责任无法有效落实,工作效率和工作质量难以得到保证,在一定程度上影响到任务落实。

2.4.3.3 长效管护机制未建立

缺乏稳定的资金保障机制,河湖日常管护资金大都未纳入财政预算,河道治理、河湖清违清障等专项资金落实力度也不够,河湖管护对社会资本的吸引力不强。未形成专业化、社会化的管护模式,绝大多数的河湖都未落实专职管护人员,导致河湖面貌差、无人管、少人管的窘况未得到彻底解决。

2.4.3.4 社会宣传力度不够

有的地方在工作中仍主要依靠政府行政力量进行推动,重会议部署,轻宣传发动。由于工作宣传和信息推送不到位,不少群众不了解河长制湖长制的工作内容,认为这项工作是各级政府的事情,与自身无关,有的群众甚至不知晓河长制湖长制,出现政府"一头热"的尴尬局面。今后,全国范围内政府有关部门需加强河湖长制宣传工作(见图2-10)。

图2-10 加强河湖长制宣传

2.4.3.5　法律法规有待完善

目前,国家层面,仅在2017年新修订的《中华人民共和国水污染防治法》中提出"省、市、县、乡建立河长制,分级分段组织领导本行政区域内江河、湖泊的水资源保护、水域岸线管理、水污染防治、水环境治理等工作。"地方层面,仅有浙江、江西等个别省份出台了专门的工作条例或工作规定,许多地方在工作中大都依靠行政首长的行政命令或者规范性文件来推动,缺少法律法规这一坚实后盾,导致在处理一些复杂问题、新生事物时容易造成工作被动,影响整个工作的推进力度。

河长制这一中国特色的治水方略,对于我国的江河湖泊水域治理发挥了积极作用,在实践中形成明确的责任制、针对性的治水策略、刚性的方式特点。但是河长制在推进过程中仍存在漏洞,水环境治理是长久之治,而非一时之治。在河湖长制推进的过程中,要真正实现"河长治""湖长治",则需要理智看待现存困境,以法治为准绳,依靠技术革命与管理制度创新寻求河湖水环境治理的出路。

第3章 河湖长制理论基础及长效作用机制

基于对河长制的认识及其内涵的理解,总结提出构建河长制的基础理论框架。河长制的理论基础分为水文学、水资源、水环境、水法律等4个方面,其中:水文学方面侧重于江河湖库水文变化规律与过程等基础理论,包括水循环理论和水量平衡理论;水资源方面侧重于水资源高效利用与可持续发展基础理论,主要包括水资源合理配置理论、水资源可持续利用理论和水资源高效利用理论等;水环境方面侧重于河流污染防治、生态修复等基础理论,包括水污染防治理论、水生态修复理论和河湖健康理论等;水法律方面侧重于河库管理与污染防治法律法规,包括水市场理论、资源环境法基础理论和灾害防治与水事管理法律基础等。河长制的理论基础是河湖管理与保护的责任主体需要了解的核心基础理论,是河长制稳步落实的基础。

3.1 河湖长制理论基础

3.1.1 水文学基础

3.1.1.1 水循环理论

水存在的状态有固态、液态和气态,通过物理作用如降水、流动、蒸发、渗透等完成状态的转变,即水循环。水循环是联系大气圈、水圈、岩石圈和生物圈相互作用的纽带,是水资源形成的基础。图3-1为自然界中的水循环示意图。

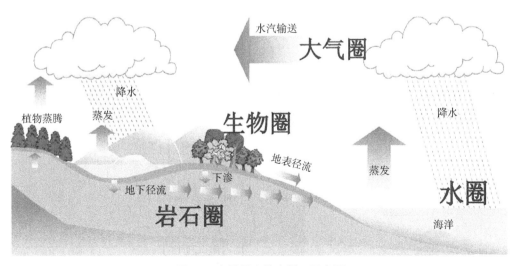

图3-1 自然界中的水循环示意图

自然水循环是地球上的水在太阳辐射和重力作用下,通过蒸发、蒸腾、水汽输运、凝结降雨、下渗及地表径流、地下径流等环节,不断发生水的相态转换而周而复始的运动过程。引起水的自然循环的内因是水的3种形态在不同温度条件下可以相互转化,外因是太阳辐射和地心引力。自然水循环由大循环和小循环组成。发生在全球海洋和陆地之间的水分交换过程称为大循环,又称外循环;发生在海洋和大气之间或陆地与大气之间的水分交换过程称为小循环,后者称为陆地水循环。陆地自然水循环系统示意图见图3-2。

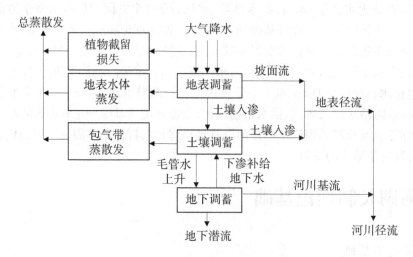

图3-2　陆地自然水循环系统示意图

水的自然循环是自然因子驱动的结果,那么水的社会循环就是人文因子驱动的结果。水的社会循环是水的自然循环的一个子系统,是指社会经济系统对水资源的开发利用及各种人类活动对水循环的影响。水的社会循环包括"取水—输水—用水—排水—回用"等5个基本环节,在水资源按用途分类并重复利用、维护低成本的原则下,水的社会循环系统包括"供应必需的水量并满足必要水质"的水供应系统和"对水环境负责任"的用水系统和排水系统以及两者之间的循环再利用系统。水的社会循环系统示意图见图3-3。

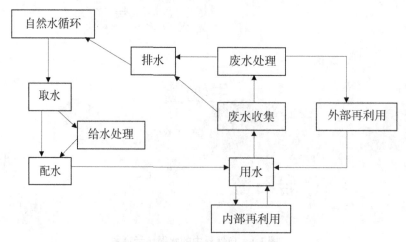

图3-3　水的社会循环系统示意图

水在社会经济系统的运动过程与水在自然界中的运动过程一样,也具有循环性特点。社会水循环通过取用水、排水与自然水循环相联系,这两个方面相互矛盾,相互依存,相互联系,相互影响,构成了矛盾着的统一体——水循环的整体,即二元水循环系统,其系统结构示意图见图3-4。

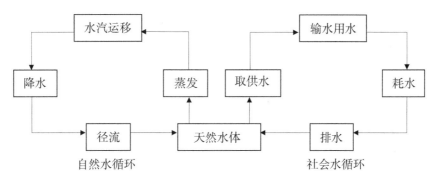

图3-4　二元水循环系统结构示意图

水循环使水资源以能量转变的方式达到可再生可持续利用,水循环理论的研究是推行河长制工作的基础。水循环是永无止境的,但并不能说明水资源是无限可利用的,因此,节约水资源、实现水资源的高效利用、防治水污染、修复水生态等措施势在必行。

3.1.1.2　水量平衡理论

水量平衡是指一个流域、地区或一个水体在任一时段内(如时、日、月、年等)输入水量(来水)扣除输出水量(去水)等于该范围的蓄水变量,也即水循环过程的收支平衡关系。

关于水量平衡有3层含义:一是研究降雨径流平衡,即降水量与蒸发量、径流量的平衡,它是一个区域总的水量平衡关系,也是水文循环意义上的水量平衡;二是研究水资源供用耗排平衡,它是从机制上认识和描述一个区域或者流域内已经形成的水资源量收支平衡关系,即来水量(水资源量)与耗水量、排水量的平衡;三是研究水资源的供需平衡,即自然条件可以供给的水资源量与社会经济环境对水资源的需求关系之间的平衡。

前两个平衡是水文科学意义上的水量平衡,而最后一个水资源供需平衡是社会经济系统的水量平衡,也就是水资源供需安全问题。它们之间意义各不相同但又相互关联。降雨径流平衡无疑是水资源供用耗排平衡的基础,而供用耗排平衡又决定水资源供需平衡关系。当我们只考虑人类可以控制水资源量时,降雨径流的平衡可以转化为供用耗排平衡,供用耗排平衡的内涵是研究水资源在社会生活中实际消耗和排泄的那一部分水量转化关系,是水量平衡研究的实质。

基于上述水平衡原理,对于任何一个区域,可列出如下水平衡方程:

$$I-Q=\Delta S$$

式中,I为区域内水的收入项;Q为区域内水的支出项;ΔS为研究时段内该区域的蓄水变化量。

现以陆地上任一地区作为研究对象,设想沿该地区边界做一垂直的柱体,以地表作为柱体的上界,地面以下无水分交换的深度作为下界,该柱体在任一时段内水量的收入项有降水量(P)、地表水汽凝结量(E_1)、地表水流入量($R_{表入}$)、地下水流入量($R_{下入}$);而支出项有:柱体内的蒸发量(E_2)、地表水流出量($R_{表出}$)、地下水流出量($R_{下出}$)、工农业及生活净用水量(q)。如果该柱体在研究时段始末的蓄水量分别为$W_初$和$W_末$,则该柱体在任一时段内的水量平衡方程可写为

$$(P+E_1+R_{表入}+R_{下入})-(E_2+R_{表出}+R_{下出}+q)=W_末-W_初$$

即　　　　　　　$$P=(E_2-E_1)+(R_{表出}-R_{表入})+(R_{下出}-R_{下入})+q+(W_末-W_初)$$

此式即为通用的水量平衡方程式。在此式的基础上,根据研究对象的不同,可建立各种特定区域或特定水体的水量平衡方程。

水量平衡是指水在状态转化的过程中,总量始终保持平衡。水量平衡理论从根本上说明水资源不是取之不竭的,从本质上表明了确立水资源保护、水污染防治、水环境治理和水生态恢复的根本意义及重要性和必要性。水量平衡原理决定了不能一味地"开源"来解决水资源短缺问题,节水才是关键长效的解决之道。

3.1.2　水资源方面

3.1.2.1　水资源合理配置理论

水资源合理配置即在流域或特定的区域范围内,遵循有效性、公平性和可持续性的原则,利用各种工程与非工程措施,按照市场经济的规律和资源配置准则,通过合理抑制需求、保障有效供给、维护和改善生态环境质量等手段和措施,对多种可利用水源在区域间和各用水部门间进行的配置。

水资源优化配置包括需水管理和供水管理两方面的内容。在需水方面通过调整产业结构与调整生产力布局,积极发展高效节水产业抑制需水增长势头,以适应较为不利的水资源条件。在供水方面则是协调各单位竞争性用水,加强管理,并通过工程措施改变水资源天然时空分布与生产力布局不相适应的被动局面。

1."以需定供"的水资源配置

"以需定供"的水资源配置,认为水资源是"取之不尽,用之不竭"的,以经济效益最优为唯一目标。根据以往的国民经济结构和社会经济发展速度等基础资料,在社会经济正常发展的情况下,预测未来的经济规模,通过该经济规模预测相应的需水量,并以此需水量进行供水工程规划。这种配置思想将各个水平年的需水量及需水过程均做定值处理,从而忽视了影响需水的诸多因素间的动态制约关系,着重考虑了供水方面的各种变化因素,强调需水要求,通过修建水利水电工程,从大自然无节制或者说掠夺式地索取水资源。其结果必然带来不利影响,诸如河道断流、土地荒漠化甚至沙漠化、地面沉降、海水倒灌、土地盐碱化等。另外,由于以需定供,体现不出水资源的稀缺性,毫无节水意识,不利于节水高效技术的应用和推广,必然造成社会性的水资源浪费。因此,这种牺牲资源、破坏生态环境的经济发展模式,需要付出沉重的代价,最后将导致水资源的供需矛盾更加突出。"以需定供"是在水资源开发利用较低及特定阶段水资源相对充沛情况下的一种配置思想。适用于水资源开发利用较低,水资源丰富地区的特定时段内的水资源配置。其优点是暂时不考虑水资源的限制,可以充分地发展经济,水资源在一定程度上能够支持经济的发展。其缺点是忽略了社会经济发展的需水量和诸多因素之间的动态关系,忽视了单

位水资源的价值提升,容易造成社会性和经济性的水资源浪费。

2.“以供定需”的水资源配置

“以供定需”的水资源配置,是以水资源的供给可能性为依据,进行生产力布局,强调水资源的合理开发利用,以水资源背景布置产业结构,它是“以需定供”的进步,有利于保护水资源。但是,水资源的开发利用水平与区域经济发展阶段和发展模式密切相关,例如,经济的发展有利于水资源开发投资的增加和先进技术的应用推广,必然影响水资源开发利用水平。因此,水资源可供水量是依托经济发展的一个动态变化量,“以供定需”在可供水量分析时与地区经济发展相分离,没有实现资源开发与经济发展的动态协调,可供水量的确定显得依据不足,可能由于过低估计区域发展的规模,使区域经济不能得到充分发展。“以供定需”是在水资源开发利用程度较高及水资源开发利用难度较大情况下的一种配置思想。适用于水资源开发利用程度较高,水资源开发难度大及水资源匮乏地区的水资源配置。其优点是强调资源的重要性,避免大型工程的投资性浪费,避免对水资源的掠夺式开发,缓解生态环境的压力,维持水资源系统的可持续发展。其缺点是忽略了社会经济与资源开发利用之间的动态协调关系,认为水资源开发利用难度不变,阻碍了区域经济的发展。

3.基于宏观经济的水资源配置

无论是“以需定供”还是“以供定需”,都是将水资源的需求和供给分离开来考虑的,要么强调需求,要么强调供给,忽视了水资源与区域经济发展的动态协调。于是结合区域经济发展水平并同时考虑供需动态平衡的基于宏观经济的水资源优化配置理论应运而生。某一区域的全部经济活动就构成了一个宏观经济系统。基于宏观经济的水资源优化配置,通过投入产出分析,从区域经济结构和发展规模分析入手,将水资源优化配置纳入宏观经济系统,以实现区域经济和资源利用的协调发展。

水资源系统和宏观经济系统之间具有内在的、相互依存和相互制约的关系。当区域经济发展对需水量要求增大时,必然要求供水量快速增长,这势必要求增大相应的水投资而减少其他方面的投入,从而使经济发展的速度、结构、节水水平及污水处理回用水平等发生变化以适应水资源开发利用的程度和难度,从而实现基于宏观经济的水资源优化配置,许新宜等《华北地区宏观经济水资源规划理论与方法》(1997)的研究成果堪称这一理论的典范。

基于宏观经济的区域水资源配置强调水资源配置与区域经济发展的动态协调。结合区域经济发展水平并考虑供需动态平衡的水资源配置思想,适用于经济为导向,资源支持经济发展地区的水资源配置。其优点是动态地揭示区域宏观经济系统与水资源系统的相互依存、相互制约的关系。其缺点是忽视了水资源系统与生态系统之间的相互作用关系。

4.基于二元水循环模式的水资源配置

基于宏观经济的水资源配置虽然考虑了宏观经济系统和水资源系统之间相互依存、相互制约的关系,但是忽视了水循环演变过程与生态系统之间的相互作用关系。水资源系统和生态系统之间相互依存、相互制约的关系主要体现在两个方面:一方面,生态系统影响着截留、蒸发、产流、汇流等水循环过程,生态系统的种类和规模对水资源的数量和质量起着至关重要的作用;另一方面,水是支撑生态系统的基础资源,它的演变影响着生态系统的演化。基于二元水循环模式的水资源配置具有以下特点：

（1）建立了相应的多层次、多目标、群决策求解方法。对流域水资源、社会经济和生态环境三个系统分别用数学模型加以描述和模拟，再用总体模型进行综合集成与优化。流域水资源二元演化模型描述天然循环和人工侧支循环之间的此消彼长的相互作用和"四水"转化关系。宏观经济模型描述产业部门之间的投入—产出关系，地区之间的调入—调出关系，以及年度之间的积累—消费关系。生态需水模型描述伴随水循环演变的水与生态系统的相互作用过程。多层次、多目标、群决策模型作为总体模型描述合理配置问题的各主要方面。通过总体模型与分系统模型的信息反馈，实现优化与模拟的结合，实现群决策过程中各决策主体间的交流，将决策风险和利益冲突减至最小。

（2）更多地注重了水资源系统和生态环境系统之间的联系。更关注水资源开发利用的自然属性，反对人类中心主义的掠夺式开发利用。南方经济跳跃式发展地区，有些是属于处女地，自然环境较好，应该重视环境的保护，吸收以往牺牲环境发展经济的经验，在保护好环境的基础上更好的发展经济。水资源系统与生态环境之间的相互关系是研究的一个重点，值得深入探讨，是做好南方跳跃式发展模式下水资源配置的基础。

（3）适用于生态系统比较脆弱及水资源匮乏地区的水资源配置。基于二元水循环模式的水资源配置对流域水资源、社会经济和生态环境三个系统分别用数学模型加以描述和模拟，再用总体模型进行综合集成和优化的一种配置思想。其优点是注重水资源系统与生态环境系统之间的联系，关注水资源开发利用的自然属性，实现优化与模拟的结合，实现群决策过程中各决策主体间的交流，减小了决策风险和利益冲突。其缺点是数学模型模拟较为简单，群决策过程中存在主观性，模型计算复杂，不利于实际应用。

5. 可持续发展的水资源配置

水资源优化配置的主要目标就是协调资源、经济和生态环境的动态关系，追求可持续发展。可持续发展的水资源优化配置是基于宏观经济的水资源配置的进一步升华，遵循人口、资源、环境和经济协调发展的战略原则，在保护生态环境的同时，促进社会繁荣和经济增长。目前，我国关于可持续发展的研究还没有摆脱理论探讨多实践应用少的局面，并且理论探讨多集中在可持续发展指标体系的构筑、区域可持续发展的判别方法和应用等方面。在水资源的研究方面，也主要集中在区域水资源可持续发展的指标体系构筑和依据已有统计资料对水资源开发利用的可持续性进行判别上。对于水资源可持续利用，主要侧重于"时间序列"（如当代与后代、人类未来等）上的认识，对于"空间分布"上的认识（如区域资源的随机分布、环境格局的不平衡、发达地区和落后地区社会经济状况的差异等）基本上没有涉及，这也是目前对于可持续发展理解的一个误区，理想的可持续发展模型应是"时间和空间有机耦合"。"可持续发展水资源配置"是协调资源、经济和生态环境动态关系，追求可持续发展的一种配置思想。适用于所有地区的水资源配置，其优点是考虑水资源的可持续开发利用，协调资源、经济和生态环境的动态关系，追求地区的可持续发展。其缺点是该理论目前尚处于理论探讨阶段，实际应用较少，处在对于可持续发展指标体系的构筑和区域可持续发展的判别方法的研究阶段。

6. 广义水资源配置

广义水资源合理配置系统是"水资源–经济社会–生态环境"组成的复合大系统。社会经济、生态环境和水资源子系统间既相互联系和依赖又相互影响和制约,组成了一个有机的整体。广义水资源配置系统的水资源、经济社会和生态环境子系统内部不仅存在着制约机制,如水资源系统由水源、供水、用水、排水等因素组成,涉及水源的时空分配、水源的质量和可供应量,供水的组成,用水的性质和排水方式等;社会经济子系统涉及的范围包括人口、劳动率、法律、政策、传统,经济结构等诸多因素;生态环境子系统需要处理天然生态与人工生态,人工生态与农、林、牧、副、渔之间的关系,污染物的排放、组成、级别与控制等。而且在各子系统之间也存在着约束关系,如经济发展带来环境的污染和治理,经济发展带来的供水与水资源需求的矛盾,环境恶化导致的生态破坏和水资源浪费,水资源环境和生态条件的改善对经济发展和社会进步起促进作用。水资源是基础性资源又是稀缺性资源,它的应用范围广,取舍不当会引发许多矛盾。

广义水资源合理配置系统具有多元性、结构复合性和各单元的关联性,不能离开系统空谈合理配置,否则会造成系统运行失衡。经济社会的发展是个持续的过程,不仅要考虑水资源在当今时代的共享,还要与后代共享,不仅是人对水资源的共享,还有人与环境对水资源的共享,以实现水资源的永续利用,而不合理的水资源开发将会导致超采、水污染、水土流失等水生态环境恶化的现象发生。

进行广义水资源合理配置时,需要全面考虑水资源、经济社会和生态环境之间的关系,按照系统论的思想,合理处理系统内部和各系统之间的关系,保持复合系统的协调发展。"广义水资源配置"是在可持续发展理念指导下以"水资源—经济社会—生态环境"大系统为基础,基于多元性、结构复杂性和各单元关联性大系统的一种配置思想。这是将来各个地区水资源配置的一个发展方向,其优点是扩大了传统的水资源观,丰富了水资源配置和科学调控的内容,扩大了配置对象,考虑了天然生态系统,增加了水资源配置的后效性评价,反馈水资源配置影响。其缺点是配置涉及内容庞杂,各种指标有待进一步研究,后效性评价方法处于起步阶段,尚有待于完善,处于探索阶段,尚不能应用于实际。

综上,水资源合理配置理论是水资源管理的重要基础,是协调各需水部门用水矛盾的基础理论,对于水资源科学调配、保障经济社会发展与生态系统维护具有重要意义。水资源合理配置可以促进水资源的高效利用和节约用水,促使水资源可持续利用,是保护河湖水资源、维护河湖水环境、修复河湖水生态的有效措施。

3.1.2.2　水资源可持续利用理论

水资源一般是指在一定的经济技术条件下,能够为人类社会生态环境所利用,参与自然水循环,可以还原恢复的淡水资源。它包括水量、水质、水域和水功能。从可持续发展的观点分析,作为资源的水应当是可供现在人们使用,可供生产生活创造出价值,也指现在不能直接利用,但在未来科学技术发展的推动下,有利用潜力的水资源。同时水资源作为一种人类无法找到替代品的资源,它又有着很强的时间性、区域性和循环性,所以水资源又是一个动态的概念。一方面,水资源是生态环境的基本要素,是生态系统结构与功能的组成部分;另一方面,水资源是国民经济和社会发展的重要物质基础,它们的有机结合,就是水资源生态经济复合系统。水资源可持续利用的理论基础就是生态经济学的基本规律和理论,以水资源生态经济系统理论为指导,探索水资源系统的可持续发展理论,就是水资源可持续利用理论。

水资源是国民经济发展不可缺少的自然资源,迄今为止,关于水资源的定义,国内外有多种定义,从范围大小看,广义的水资源是指水圈内的水量总体,包括气态水、液态水、固态水,所有的海洋水、陆地水、大气水,所有的咸水、淡水;狭义的水资源特指陆地上的淡水资源,它包括河流水、湖泊水、沼泽水、土壤水、冰川水、生物水,目前人类可利用的淡水资源只有河流水、湖泊水、浅层地下水。联合国给出的定义:水资源是可利用或可能被利用,具有足够数量和可用质量,并可适合某地水需要而长期供应的水源。水资源是自然资源当中重要的组成部分,是地球上一切生物赖以生存的物质基础,和其他自然界的自然资源相互影响相互制约。因此,它在具备和其他的自然资源一样的物质共性的同时,还有其自身的特征。

1.循环性与有限性

水资源作为自然地理环境里最活跃的自然资源之一,它的活跃性表现在它是有循环运动的规律补给和支出,其处于不断运动的状态当中。一定区域内的水资源可以不断地得到大气降水的补给,从而构成了水资源消耗、流动、补给之间的循环性。而不同的水体,其循环再生的时间周期是不同的,最短的大气水的循环周期为天,而深层地下水的循环周期长达数年之久,冰川更长。循环过程的无限性,决定了水资源在一定数量内是取之不尽用之不竭的。但目前水资源实际储量却很少,因为大部分淡水资源是储存在两极和世界上高大的,有永久积雪的高山上的冰川中,而这储量大的冰川水目前还不能广泛被人类利用,那剩下的可供人类直接开发利用的资源不仅数量少,且显得格外的珍贵。水资源储量的特征,决定了水资源是有限的。

2.分布上的不均衡性

一般来说,降水量大,水循环活跃的地区,水资源丰富;降水量小、水循环不活跃的地区,水资源贫乏。就各大洲而言,南极洲由于主要被冰川覆盖,所以从广义水资源上来看,水资源的储量最大,此外,在其他六大洲中,亚洲多年平均径流量最多,其次是南美洲,大洋洲最少。就国家而言,巴西多年平均径流量最多,其次是俄罗斯,我国多年平均径流量为2.7万亿 m^3 ,居世界第六位。就我国而言,水资源东南多,西北少。在时间分配上,存在赤道地区丰水带,中纬度盛行西风多雨带,副热带和极地少雨带;具体到我国,存在等降水量线,有内流和外流区之分。由于我国地理位置的特殊性,季风气候明显,因此降水一般是夏秋多,冬春少,这些先天因素,决定了水资源在时间分布上也往往是夏多冬少。

3.利弊两重性与可调节性

由于降水和径流时空分布不均,形成因水过多或过少引起的洪涝,旱、碱等自然灾害,由于水资源开发利用不当,也会造成人为灾害,如土壤次生盐碱化、水体污染等水资源的可供利用和可能引起的灾害,决定了水资源利用既有正效益也有负效益的利弊两重性,而人们根据各地实际情况,因地制宜,因地治水,让其充分发挥其有利的一面服务于人们的生产生活。

4.开发利用中的多样性

在生产生活中,水资源的利用范围非常广泛,工业中的水电、水运、废水利用,农业中的灌溉、养殖及第三产业中发展的水体景观旅游等,水资源已经应用到各种不同的领域,这些都充分显示了水资源开发利用的广泛性。但在各个领域中用水效率有大有小,有的能充分地利用水资源并从中取得可观的效果,而也有一些领域水资源没得到充分的利用,存在浪费水、利用率不高等现象。与其他矿产资源相比,水资源是一种特殊的自然资源,它对人类的作用主要存在两个方面:一是造福于人类:久旱逢雨可以满足农业的发展,保护湖泊、河流可以更好地促进渔业的发展,合理地开采地下水,不仅可以满足居民和其他经济部门的用水,还可以促进地下水的自净和循环。二是祸害人类:人类不断地破坏自然造成洪涝灾害对人类生存和发展构成威胁;降水较少时容易造成旱灾,过度抽取地下水引发的地面沉降,水质恶化,大量的生活污水和工业废水排入江河湖海引发的水生动植物的死亡。由此可见,适宜的水量和良好的水质可以促进社会经济的发展、自然环境的良性循环及生态多样性的建设,而当水资源遭到不合理的开发利用时,不仅会制约社会经济的发展,还会对自然环境造成破坏,影响人类的健康生存。

5.稀缺性和不可替代性

由于水资源的总量是有限的,因此在经济全球化快速发展的今天,各地不管是先天水资源数量充足的国家,还是本来水资源总量就紧张的地区,水资源都是一种很稀缺的自然资源,水资源虽然是一种可再生的自然资源,但其更新速度慢,在总体供给量上处于供不应求的状态,这就让世界各地闹水荒的现象屡见不鲜。所以,要改变以前的那种传统的对用水"取之不尽用之不竭"的用水观,正是由于水资源的稀缺性,就显得极其宝贵,目前,由于科学技术的限制和开发成本昂贵等原因,寻找当前水资源的替代品还有很长的路程,在当前经济发展水平下,水资源有其不可替代性。

水资源(深层地下水除外)基本上是一种可再生资源,水资源可持续利用是可持续发展框架下的一种永续利用,是人类可持续发展的核心问题之一。水资源可持续利用强调的是水资源持久地利用,不仅要满足当代人的用水需求,而且要为后代人继续利用创造条件,维持世世代代的持续利用。因此,水资源可持续利用是区别于传统资源利用的一种新模式,是可持续的水资源开发、利用、保护和管理一体化的总称。

水资源可持续利用理论是协调人类长期稳定发展与水资源永续利用的国家重大发展战略基础,是水资源管理的基础理论支撑。保障河湖水系生命健康,协调好上下游、左右岸之间的水资源开发利用与保护问题是河长制的重要内容,需要以可持续发展理论为前提,遵循自然生态环境保护规律与经济社会发展规律,对河湖水系进行科学管理。因此,水资源可持续利用理论是保障河长制稳步推进的重要理论基础支撑。

3.1.2.3 水资源高效利用理论

水资源高效利用是最大限度地发掘水资源价值,提高单位水资源利用效率的重要措施,需要先进的科学技术和管理理念为支撑。河长制作为维护河湖健康生命、保障国家水安全的重要制度创新,如何从社会发展角度出发,加大水资源保护与管理力度,实现水资源利用的效率最大化,是发挥水资源经济与生态效益的重要保障。因此,水资源高效利用理论是河长制稳步落实的重要基础。

1.水资源高效利用概念内涵

水资源的利用能对经济社会的发展起到积极有效的作用,能够对生态与环境起到支撑和维持作用。水资源高效利用必须围绕水的利用过程进行,并在利用过程中体现水的资源消耗特性;其次,水资源利用消耗的高效性包括两重相互联系的特征,即微观资源利用的高效率和宏观资源配置的高效益;再次,水资源高效利用目的是为了充分发挥水作为资源所具有的潜在的为人类社会和生态系统服务的价值和功能,以最少的资源利用与消耗获得最大的综合效益,从而实现区域水资源的可持续利用,促进区域的可持续发展。因此,水资源高效利用概念是指在相同耗用水情况下,保持生态系统良好与经济社会效益最佳的水资源利用方式,或者是在达到区域经济社会发展目标和生态环境建设目标的基础上,区域耗用水资源最少的利用方式。广义水资源高效利用的广义体现四个方面的含义:

一是利用水源是广义的,不仅包括传统的狭义性地表地下水资源,还包括降水产生的土壤水在内的广义水资源。

二是利用对象是广义的,不仅包括社会经济发展用水,而且还包括天然生态用水。

三是利用范围是广义的,不仅针对单个用水部门和用水单元的水资源利用过程研究,而且还从宏观区域整体出发,研究整个区域的水资源利用状况。

四是利用指标是广义的,不仅进行单项指标、单个行业用水效率和效益的评价,而且还采用综合指标评价区域经济和生态用水效用。

2.水资源高效利用原则

水资源高效利用应遵循有效性、公平性和可持续性原则。有效性是水资源利用的基本原则,水资源的分配和使用过程中,必须获得经济、社会、生态和环境产出效益。公平性主要体现在社会阶层、地区和部门之间,保障人人享有水资源的权利,保障流域上下游、左右岸等不同区域之间水资源利用的权利,保障不同部门及部门内部水资源利用的权利。可持续性是要保证水资源的再生能力,实现经济长期稳定的持续增长,以及经济社会和生态系统的健康。

3.水资源利用效率与效益

除航运、发电等非消耗性水资源利用外,对水资源的使用主要是通过水资源的消耗来实现的,正是这种无法回收、无法再重复利用的资源消耗体现了水的资源特性。水资源在其利用消耗过程中表现为两种途径:一是被生命体消耗或产品带走;二是通过蒸散发的形式参与到经济和生态量的产出过程中。因此,水资源利用效率可表征为水资源消耗量与供用水量或水资源利用量的比值,反映的是水在供人类社会和自然生态生存和生产中的资源消耗比率。水资源利用效益是指经济社会系统和自然生态系统在水资源的利用过程中产生的经济、社会与生态效益,可采用水的经济与生态产出量与相应的资源消耗量比值来表征。

4.水资源高效利用的特点

水资源高效利用研究具有如下特点:

(1)以水资源可持续利用为目标,减少用水过程中的资源损耗,提高单方耗用水的有效产出,并在社会、经济、生态和环境目标之间进行平衡,实现资源、环境和经济社会的协调发展。

(2)以宏观区域水资源-经济-生态复合系统为研究对象,从系统的角度出发研究各要素之间的相互联系、相互作用和相互影响。

(3)以水的资源特性为出发点,拓展以往仅针对取用水过程,研究自然-人工复合作用下区域水资源利用与消耗规律,实现对区域水资源的利用消耗机制的科学认知。

(4)以自然–人工复合水循环模拟为基础,分析自然–人工共同作用下的区域水循环转换过程,研究水资源开发利用对水循环和水资源供用耗排变化规律的影响,以此为基础进行高效利用和调控。

(5)以水资源合理配置为手段,研究对象不仅包括传统的地表、地下水资源,而且需要将降水产生的土壤水纳入统一考虑,用水对象不仅包括工业、农业、生活,而且还包括人工和天然生态系统,充分利用降水、合理利用地表水和地下水、科学调控土壤水。

(6)以水对生态系统稳定的驱动作用为保障,不仅注重经济利益的获取,还要保证必需的生态系统服务功能,尤其是干旱半干旱地区,需要从水分对生态的驱动机制出发,维护区域生态系统的稳定。

(7)以宏观与微观效率与效益评价为依据,水资源开发利用是为了获取经济、社会、生态与环境利益,水资源高效利用评价不仅要考虑微观效率与效益,还要从区域全局出发,研究水资源的宏观效率与效益。

3.1.3 水环境方面

3.1.3.1 水污染防治理论

水污染防治是基于工业污染、城镇生活污染、农业面源污染等影响水生态及饮用水安全的污染问题或事件而采取的保护和改善环境、保护水生态的治理措施。水污染防治以所有污染物为防治对象,利用技术、工程、生态、经济、法律等手段,全面改善水质、恢复江河湖泊水环境与水生态,促进环境保护与经济社会的协调发展,保障人民健康,从根源上解决河湖水污染频发的难题。作为河长制的主要任务之一,水污染防治要加强饮用水水源的保护,提高工业污染防治水平,加大污水处理力度,提升污水处理水平。水污染防治工作,既包括对工业企业在内的污染源进行综合整治,同时还包括生态治理工程建设、社会组织参与水污染防治工作、提升市民节水意识等促进生态文明建设的举措。国务院《水污染防治工作计划》(简称"水十条",见图3-5)的总体要求是:大力推进生态文明建设,以

图3-5 国务院《水污染防治工作计划》("水十条")

改善水环境质量为核心,按照"节水优先、空间均衡、系统治理、两手发力"的治水思路,贯彻"安全、清洁、健康"方针,强化源头控制,水陆统筹、河海兼顾,对江河湖海实施分流域、分区域、分阶段科学治理,系统推进水污染防治、水生态保护和水资源管理。

1.公共治理理论

目前,公共治理理论形成如下共识:"主张分权导向,摒弃国家和政府的唯一权威地位,社会公共管理应由多主体共同承担;重新认识市场在资源配置中的地位和作用,重构政府和市场关系;服务而非统治,传统公共行政模式发生变革,公共政策、公共服务是协调的产物。"除某些关系国家安全和国计民生的重要或特别领域外,从某种意思上来说,对社会事务的公共管理,事实上是在政府部门引导下,由政府部门、市场和社会公众等第三方共同治理国家的管理行为。环境领域的公共治理理论实际涉及政治学、哲学、经济学、环境法学、行政学等多领域,其研究尚未形成特别成熟的理论体系。公共治理具有如下基本特征:

一是公共治理主体的多元化、系统化。公共治理实际上不单单限制于政府部门的"单打独斗",实际上还囊括了社会组织、公民、企业等多个主体,现实环境的治理其实也需要多个主体履行义务、发挥减排、保护环境的职责,各主体之间不是相互独立的,而是开展对话与合作,形成一个环境治理的关系网和机制。

二是合作共赢的治理机制是公共治理达到成效的主要方式。由政府搭建一定的平台,完善相关参与与合作机制,完善参与合作的政策和法律法规,让各社会组织、公民和企事业单位、行政机关在平台基础上开展对话,补贴和鼓励开展合作,积极监督或自发组织、推动公共治理机制的不断完善和成熟。

三是职能互补,各取所长,即在社会自组织和公民自我治理过程中能够推动环境改善、向好时,应鼓励其发展、不干预,但其自发组织不利于环境治理或者失灵时,政府应该发挥主导作用,促进公共资源的配置和环境资源的可持续利用。

2.环境公共信托理论

环境公共信托理论,主要是强调政府作为环境保护的法律责任主体,在环境公共利益方面应该履行相应的主体义务和职责。环境公共信托理论起源于古罗马法,后融入美国环境保护发展的实践,"环境公共信托是将具有社会公共财产性质的环境资源的生态价值和精神性价值等非经济价值作为信托财产,以全体公民为委托人和受益人,以政府为受托人,以保护环境公共利益为目的而设立的一种公益信托"。

3.依法行政理论

根据依法行政的理论,依法行政是依法治国基本方略的重要内容,其含义是指行政机关必须根据法律法规的规定设立,并依法取得和行使其行政权力,对其行政行为的后果承担相应的责任的原则。依法行政主要包括三个方面的要求:①主体合法性。行使行政权力的主体必须有法律法规赋予或者职权身份赋予的资格,才能行使相应的权力;行使行政权力来源具有合法性,不滥权、不超越法律法规赋予的权力。超越法律法规赋予的权力,行使行政权力,均违反依法行政的原则,不符合依法行政的要求。②权责统一。有权必有责,权力和责任是相统一、不相悖的,有相应的权力必须按照法律法规行使,不能缺位,怠于履行行政权力。③违法行使行政职权必须承担相应的法律责任。

4.行政监督理论

根据行政监管的理论研究,目前关于广义的行政监督,是指"立法机关、行政机关、司法机关、政党、社会团体、新闻舆论等多种政治力量和社会力量对政府及其公务员的行政行为所实施的监察和督导";狭义的行政监督是指行政机关内部对自己的机构及其公务员的不良行政行为所实施的监察和督导。行政监督是行政管理活动的一个重要组成部分,因此行政监督应该遵循一定的原则,以保证行政监督的合法性和有效性。其主要包括:①合法性原则,即法无授权不可为。②平等性原则,即在依法行政过程中,法律面前一律平等,公民包括社会组织在监督义务上享有平等的权利。③广泛性原则,即行政监督主体是多元的,包括公民、社会组织和政府内组织等多个主体。④有效性,即监督必须公正严明、公平,做到执法必严、违法必究。

3.1.3.2　水生态修复理论

水生态修复是构建自然生态河流、维护自然河湖岸线的重要措施,也是河湖管护的主要任务之一。水生态修复理论的落实既要遵循"一河一策"的原则,又要实现科学长效。在当前资源约束趋紧、社会经济发展与生态保护矛盾突出且难以协调的大背景下,急需打破旧制度,以创新的思维实施河湖管理。河长制是我国河湖管理的制度创新,是生态文明建设的内在需求,其重要内容之一是水生态保护与修复。

1.洪水脉动理论

洪水脉动理论起源于国外学者对于亚马孙河与密西西比河进行长期观测,其中心思想是:当季相变化的时候是洪水频发的时期,洪水导致河水在短时间内的涨落变化形成的脉冲力量,是河岸带的动植物生存,同时维持彼此相互作用如生产、消费、分解等基本生态过程的主要驱动力。其原因在于,拥有洪水脉动的河流生态系统,有机物可以从陆地转移向水生的特征,在此转移过程中会导致额外的能量进入河流的食物链和食物网,可以提高整个生态系统的生产力。这种洪水脉动影响河流生态系统的生产力,主要有两种方式:第一,改变透光体积,增强光合作用;第二,在新成为永久湖泊的范围内形成限制大型陆生植物的地带,从而可以抑制有机物从大型生根植物向水中转移,同时影响他们在泛滥平原中的洪水过程。基于洪水脉动理论,当洪水漫过河滩湿地时,可以促进植被种子的传播、萌发、生长并在此过程中伴随着各种营养物质的分解、交换、利用、积累。所以,对于河流生态修复的研究,除了纵向方向的分析,也应该关注横向与洪泛滩区之间的自然过程连续。

2.河流连续体理论

河流连续体理论起源于国外学者对北美自然河流生态系统的长期研究,其中心思想是:河流系统是从源头开始逐级向下一级流域流动的线性系统,河流的流动是连续而完整的,同时也是单向而不可逆转的过程。河流连续体是物质和能量主要来源于周边的陆域的异养系统。孙亚东等因此总结出,河流连续体既是非生物环境即水文、水利、水环境的连续体,也是生物群落之间物质、能量、信息相互作用的连续体。

通过河流连续体的理论,以生态学理论为基础,通过对河流生态系统纵向上的物理、化学、生物特征变化进行研究,从而得出结论:河流是在整个流域范围内结构和功能特征与流域具有一致性的纵向网络系统,因此上游生态系统直接影响下游生态系统,从而影响整个河流生态系统。

　　基于河流连续体理论,从上游诸多溪流到下游河口地带,从地理空间到生态系统生物学特征都是连续的整体(见图3-6)。所以,对于河流生态修复的研究,不应该仅局限于某个河段进行孤立片面的分析,应该放大至流域的尺度进行全面综合的研究。

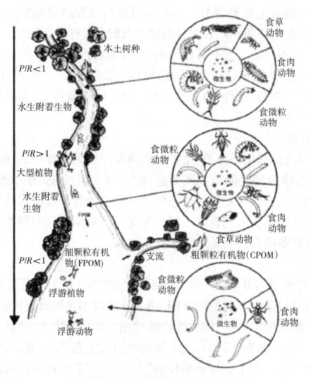

图3-6　河流连续体概念图

3.河流复式断面理论

　　河流复式断面理论源于有关学者对于河水横向过流问题的研究发现,该理论的中心思想是:当洪水漫滩之后的河流,洪水过流更快,疏导能力更强;同时基于洪水脉动理论,河水漫过的河滩也伴随着大量的物质循环,有利于形成河流生态系统的生物多样性。

　　当洪水发生,河道水位超过主河槽的自然堤,就形成了河流复式断面,复式断面具有以下几个特征:①经过了洪水漫滩过程后主河槽和过水能力降低。②同等水深的情况下河滩上水的流速比河槽上的水流速大。③河滩与河槽交界地带的水深易剧烈变化而形成涡旋。④河滩与河槽交界地带易出现的复杂次生流和螺旋流。⑤河滩与河槽交界地带的各种水流变化伴随着大量的物质与能量交换。基于河流复式断面理论,拥有复式断面的河流,可以使洪水过流速度变快从而更好地疏导洪水,并伴随着物质能量交换从而促进生物多样性。所以,对于河流生态修复的研究,除横向纵向外,还应关注竖向河槽与漫滩的分布情况,增加河流垂直方向的丰富性。

4.河流四维系统理论

　　河流四维系统理论的提出,是综合认知河流生态系统的开端,该理论从河流的横向、纵向、竖向的三维空间与时间维度共同构成四维系统。

　　横向:在河流横向尺度上,主要研究河槽水体与周边流域包括河滩湿地及其护岸堤坝等存在的横向的质量流动的关系。在横向上,水域与陆域在水体漫出与回落的自然脉动过程中,其营养物质发生扩散同时水生生物进行繁衍。

纵向:在河流纵向尺度上,主要研究河流从水源到支流存在的纵向连续的理化生变化。在纵向上,河流在上中下游拥有不同的水文情况,其水生生物随之不断调整和适应。

竖向:在河流竖向尺度上,主要研究河流水体与地下水和底泥等在垂直范围内发生的相互作用。在竖向上,河流与河床和河岸相互作用,促进河流生态系统的丰富性。

时间:在河流时间尺度上,主要通过对河流演进历史的资料的收集与整合,从而掌握不同时期的河流水文变化,进一步总结河流发展历程并分析其变化趋势。

对于河流四维系统,我国学者通过多年来的理论总结,对河流生态系统特征进行深化,提出了"水文–生物–生态功能河流连续体四维模型",即对横向、纵向、竖向、时间四个维度进行总结——建立水流瞬时流动方向为 Y 轴(纵向),建立地面上与水流垂直的方向为 X 轴(横向),建立与地平面垂直向下的方向为 Z 轴(竖向),建立时间维度为 t(时间)(见图3-7)。河流在 Y 轴方向的连续流动是主导方向,就是纵向连续性;河流在 X 轴方向通过洪水脉动使主河槽、河滩、湿地连成一体,就是横向联通性;河流在 Z 轴方向上地表水通过渗透向地下补水,就是竖向渗透性;同时考虑河流生态系统各项特征的演变过程,建立时间坐标 t,共同构成四维系统。

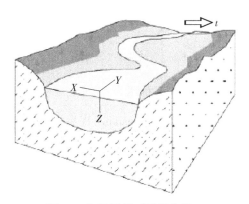

图3-7　河流思维系统概念图

3.1.3.3　河湖健康理论

河湖健康是在河湖生命存在的前提下,描述河湖生命存在状态的一种具有社会属性的概念,可以概括为一定经济社会发展的背景下,河湖系统能够维持其结构的完整性与稳定性,充分发挥自然功能、生态功能和一定需求的社会功能。河湖健康是人类社会实现可持续发展的前提,是河湖管护的目标和河湖治理的导向。

1788年,苏格兰生态学家James Hutton在给爱丁堡皇家协会的一篇论文中提到地球是一个具有自我维持能力的超有机体,最早提出"自然健康"的概念。20世纪40年代,自然学家Aldo Leopold提出了"土地健康"的定义,认为健康的土地是指被人类占领而没有使其功能受到破坏的状况。20世纪80年代,在全球许多自然生态系统(如河流、湖泊、森林、农业等)的健康状况日趋恶化的严峻形势下,生态系统健康的研究逐渐开展起来。早期的生态系统健康观,把生态系统看作一个有机体(生物),健康的生态系统具有修复力,保持着内在稳定性(见图3-8)。系统发生变化就可能意味着健康的下降。如果系统中任何一种指示者的变化超过正常的幅度,系统的健康就受到了损害。健康的生态系统对于干扰具有修复力,有能力抵制疾病。

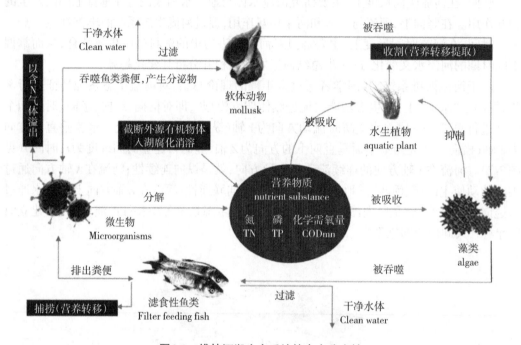

干净水体 Clean water　　过滤　　被吞噬　　收割(营养转移提取)

以含N气体溢出

吞噬鱼类粪便,产生分泌物　　软体动物 mollusk

截断外源有机物体入湖腐化消溶　　被吸收　　水生植物 aquatic plant　　抑制

营养物质 nutrient substance
氮 TN　磷 TP　化学需氧量 CODmn

分解　　微生物 Microorganisms　　被吸收

排出粪便　　藻类 algae

捕捞(营养转移)　　滤食性鱼类 Filter feeding fish　　过滤　　干净水体 Clean water　　被吞噬

图3-8　维持河湖生态系统的内在稳定性

在众多的生态系统健康的概念中,Constanza提出的概念得到广泛认可:①健康是生态内稳定现象;②健康是没有疾病;③健康是多样性或复杂性;④健康是稳定性或可修复性;⑤健康是有活力或增长的空间;⑥健康是系统要素间的平衡。他强调生态系统健康恰当的定义应当是上面6个概念结合起来的。也就是说,测定生态健康应该包括系统修复力、平衡能力、组织(多样性)和活力(新陈代谢)。从这个概念看出,一个健康的生态系统必须保持新陈代谢的活动能力,保持内部结构和组织,对外界的压力必须有修复力。

生态系统健康是一个很复杂的概念,不仅包括生态系统生理方面的要素,而且还包括复杂的人类价值取向及生物的、物理的、伦理的、艺术的、哲学的和经济学的观点。人类是生态系统的一部分,而不是独立于生态系统以外的,有关生态系统健康的一个关键任务是促进人类对人类活动、生态变化与人类健康之间的关系理解。

评价生态系统健康是保证生态系统功能正常发挥的前提,因此评价生态系统是否健康需要基于生态系统结构的维持力、功能过程来确定目标,特别是评价其受干扰后的修复能力,包括其完整性、适应性和效率。评价生态系统健康的方法是非常复杂的,一般要选择一套评价体系,将功能完好与病态的生态系统健康区分开来,然后进行系统的分析,诊断产生病态的原因并制定预防及修复系统健康的方法。评价生态系统健康的指标有活力、修复力、组织、扩散力、生态系统服务功能的维持、管理措施的选择、对外部压力的响应和对人类健康的影响等8个方面,它们分属生物、物理、社会经济、人类健康及一定的时间和空间范畴。目前,生态系统健康的评价主要集中于生态系统的活力、组织结构、修复力和扩散力。

3.1.4　水法律方面

3.1.4.1　水市场理论

水市场是水权交易与有偿转让的场所和平台,通过对水资源时间和空间上的有偿调度,实现水资源跨区域/流域的合理配置,以缓解区域水资源丰缺问题,促进水资源的合理利用。以水市场机制为基础解决好水资源的交易和转让,是实施河长制的核心内容之一,也是河长制能够顺利实行的重要基础。

水权市场是运用经济杠杆和政策调节供需关系,促进水资源科学合理配置和高效利用的手段。通过水权交易的市场机制,水权供给和需求趋向均衡,交易双方的社会福利同时增加;通过水权市场形成的水权价格将对总用水量形成强有力的约束;通过水权市场的调节,各部门、各区域之间的用水将得到优化。图3-9所示为一种基于水资源市场的水资源优化配置模式。

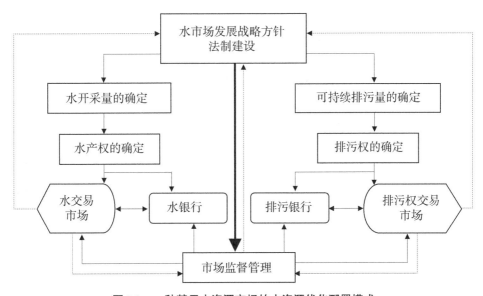

图3-9　一种基于水资源市场的水资源优化配置模式

3.1.4.2　水权供给和需求理论

水权供求与水资源需求紧密相连不完全等同。水权的需求是指买方所表现出来的水权购买要求和能力。水权的需求主要有三类:第一类是生产用水需求,如工业生产用水、灌溉用水等,其特征是将水资源作为一种必需的生产资料。这部分水权可以从一级市场通过初始分配获得,也可以通过水权市场交易获得。其水权需求主体既有现有的用水者,他们因扩大生产或用水结构调整致使初始分配的水权不足而购买水权;也会有新进入的用水者,他们因没有水权可资利用,必须通过水权市场向水权既有者购买所需水权。第二类是投机需求,这类需求是以赚取溢价或水权升值为目的的,其操作方式是在水权价格的波动中低价买进、高价卖出,其需求主体主要是投资者;第三类是消费用水需求,如居民生活用水、生态用水和环境用水等,这类用水需求关系到人民基本生活和国家、社会可持续发展,具有明显的需求刚性,由政府在总的水资源中单独划出,通过水权的一级市场进行分配。水权的供给是指卖方所表现出来的水权让渡意愿和条件。在水权一级市场上,水权供给的主体是水资源的所有者——国家。初始分配完成后,水权供给的主体变成了水权持有者,一是生产用水者,二是投机者。消费用水水权持有者没有意愿或者不能提供这种水权供给,所以不能成为水权的供给者。对于生产用水户,他们以经济效益最大化作为经营活动的衡量标准,在足够高(大于其生产用水收益)的水权价格的刺激下,为了实现经济效益最大化,生产用水者会考虑调整用水结构或者压缩生产规模或者增加节水投入以减少用水总量,从而将节约的这部分水权通过水权市场转让出去,这就形成了水权市场的主要的水权供给。至于投机者,他们持有水权本身就是一种逐利行为,在适当条件下,会将持有的水权转让出去以形成收益,这部分水权也是水权供给的组成部分。

3.1.4.3　资源环境法基础理论

资源环境法是协调人水关系、保护河湖水环境、促进水资源可持续利用的法律保障。为了促使河湖资源环境保护法制化,以法治制度约束河湖保护,河长制建设需要资源环境法律做支撑。

3.1.4.4　灾害防治与水事管理法律基础

灾害防治即避免和减轻自然灾害造成的损失,水事管理即制定水事秩序、化解水事矛盾等。灾害防治与水事管理法律是为维护人民生命财产安全、解决河湖管护中的水难题、促进经济和社会的可持续发展而制定的法律法规。

3.1.5　河湖长制治理理论研究

河湖水体是地球的血液、生命的源泉和文明的摇篮,是经济和社会发展的基本支撑。随着水资源污染日益严重、人们环保意识日益加强及水资源体系弊端日益凸显,国家经过认真调研决定在全国范围内推行河长制。当前对于河长制理论的研究方兴未艾。下面简要介绍一下与河湖长制治理有关的理论研究。

3.1.5.1　协同治理理论

协同治理理论是一门源于协同论和治理理论的新兴交叉理论,是个人、各种公共或私人机构管理其公共事务的诸多方式的总和,具有治理主体的多元性、治理权威的多样性、子系统的协作性、自组织的协调性、系统的动态性等特征。从协同治理理论的角度看来,社会是复杂的由多个治理主体构成的开放式系统,其中政府、社会组织、企业、公众等治理主体都是这个开放系统中的一个子系统,其优势是可以使系统内各个子系统通过横向联合实现1+1>2的效果。

1.协同治理内涵

20世纪80年代,在面对日益复杂的公共形势时,政府部门表现出了机构冗余、效率低下等负面现象,以往的政府干预已经无法解决"市场失灵"等问题,从而产生了"政府失灵"等一系列新问题,为了提供相应的补救措施,西方学者提出了"协同治理理论"。协同治理理论将原本相互独立的协同、治理理论有机融合在一起,成为一项公共管理的创新策略,突出强调了政府、公众、社会组织等多元主体参与社会治理的重要性,在发达国家得到广泛应用。例如,美国田纳西流域管理局、澳大利亚的墨累河委员会都是运用了协同治理的模式,有效地缓解了多方利益的冲突,同时提高了区域水环境综合治理的成效。目前,较为权威的是联合国全球治理委员会对协同治理的界定:即协同治理是个人、公私机构等多重主体共同参与社会公共事务治理的过程,既包含了正式出台的具有法定约束力的法律法规,也包括为了促进各方利益主体达成一致而制定的非正式制度。准确理解协同治理的内涵需要把握以下两点:

首先,协同治理包含"两个系统",即系统内部相互独立的子系统和系统本身。水环境治理的复杂性和长期性决定了各主体之间参与协同共治是必经途径,水环境治理应该构建以不同类型子系统协同配合、整体系统统筹协调的良性互动局面。本应就是一个由不同类型主体构成的各子系统,以及由各子系统构成的系统整体共同发挥作用的结果。

其次,协同治理包含了"两种互动",即各子系统之间的内部互动、系统整体与外部的互动。当前水环境治理存在资金来源单一、职能部门权责划分不清、信息共享不畅等突出问题,这就需要内部各子系统互相配合,形成合力与外界展开频繁密集的物质、信息交换,规避自身作为单个主体的局限性,构建统一协调的多元治理体系。

再次,协同治理包含了"序参量"的概念,认为各子系统之间基于相互作用产生了序参量,促使各子系统之间形成有效互动,提高系统整体的运转效率,同时基于序参量可以引导各个部分的自发行为,有效促进系统内部资源的自行整合,从而打造协同有序、运转高效的整体性系统。

2.协同治理特征

协同治理强调的是主体多元化对解决复杂公共事务的正面效应,各主体参与治理时,首要是维护自身的合法利益,其次才是水环境方面的总体利益。各主体由于社会地位不同、掌控资源多少等方面的不对等导致了各自的利益诉求也存在较大差异。协同治理理论几个最显著的特征如下:

(1)治理主体的多元化。主体多元化是协同治理理论的构建前提与实施关键,是为了应对日益复杂的公共问题而采取的协商与合作的有机统一,主体由单一性转向多元化,治理模式由纵向型转为扁平化,其中包括政府、社会组织、企业、公众等参与主体,不同的参与主体由于自身社会地位、价值观念、利益导向及占有的社会资源存在差异性,在应对复杂的公共事务时,保持着竞争与合作的互相制衡。治理主体多元化的同时,也带来了治理权威的多元化。协同治理有效缓解了以往政府行政权威过于集中等问题,赋予公众、社会组织等主体更多的话语权和言语地位,使得他们的意见和呼声能在社会公共事务治理中占有一席之地。将协同治理理论应用到区域水环境治理时,水环境问题的复杂性、多样性决定了政府不能再一家独大作为治理的唯一主体,公众、社会组织及企业等多元化主体的共同参与,可以有效地提高水环境综合治理能力。作为主导力量的政府部门,要更加主动地吸纳社会力量的介入,将手中过于集中的权力进一步下放,使得各参与主体拥有更多的自主性和决定权,才能保证各主体能够以更加平等的地位、均衡的权力参与到协同治理中。

（2）参与主体的协同性。协同治理理论认为,在现代公共事务管理体系中,具备了参与主体的多元化条件之后,并不是通过简单的叠加就能形成协同格局,参与主体之间是否能够形成良性互动决定了该体系能否充分发挥协同效力。人、财、力等资源分散在不同组织中,组织间既相互配合又相互影响,如果各主体基于合作的意愿,通过协商对话、共享资源等方式进行协作,就能够产生"1+1>2"的协同效应,从而实现社会公共事务治理体系的可持续发展;相反,如果各主体之间无法达成共识,局限于自身短暂利益的获取,协同治理就无法形成合力,导致体系运行效率低下,治理能力降低。鉴于协同治理要求各主体协调合作形成合力更好地维护自身利益,那么各主体之间的博弈便难以避免,这就需要各主体秉承协同公治的合作理念,本着包容互利的原则,在维护自身利益的前提下,将整体的公共利益置于更高的优先级来考量。

（3）信任机制的建立。按照系统论的内涵实质,可以将治理公共事务看作一个庞大的运行系统,其中包括各级政府部门、社会组织、社会公众、公私营企业等子系统,在行动和制度上需要各主体之间建立良好的信任关系。同时,各主体自身的内部协同也需要各部门之间建立信任关系,只有各子系统间互相信任,权利才能有效流动,各子系统间的责任机制才能明确划分,形成系统的责任共担机制,协同治理才能充分有效的运行。

（4）降低成本的经济效力。协同治理的运行机制建立在各主体的充分信任、资源共享、信息互通、利益分配等层面,依靠完备的协同机制,促使各主体自觉、自愿、自发地参与治理过程,从而减少主体间由于利益博弈、解决矛盾产生的协调成本。同时,协同治理强调引入市场机制,拓宽社会资本参与治理的渠道与方式,改变以往政府投资大包大揽的现状,可以有效缓解地方政府的财政压力。

3.1.5.2　责任政府理论

河长制管理模式下,围绕水污染防治工作,流域间不同政府、流域内不同政府部门以问题为导向,强化沟通联系,建立协同机制,共同应对已出现的或潜在的水污染问题。在以政府为主导的前提下,完善组织体系和管理考核机制,制定高效措施,明确政府及官员责任,引导社会组织、企业、公众等主体参与防治工作,提高工作成效,切实构建起"共建共治共享"的水污染防治体系,不同政府、不同部门、不同共治主体共同推动"水清、岸绿、河畅、景美"目标的实现。在河湖长制体制下,政府在履行社会管理过程的同时,承担道德、政治和法律方面的责任。责任政府理论强调政府首先要主动作为,及时对社会和公民的基本诉求及时做出反应;其次要积极履行社会义务和主动承担相应的职责;此外,还要自觉接受内部和外部的控制和监督。

责任政府理论对于河长制下的工作开展具有重要意义。围绕责任政府理论,可以明确政府或相关政府官员责任,即水污染防治的责任和"河长制"下水污染防治工作中相关职能部门的责任,提高河长制治理和保护的效率和水平。

3.1.5.3　府际关系理论

府际关系也可以称为"政府间关系",主角是政府,包含了上下级政府之间、同一层级政府之间、政府系统内部各部门之间的关系。其探究的重点是各级政府之间的交互活动、政府间决策过程及协调互动。为解决日益严重的水环境污染问题,如何建立有效的府际治水协调制度是当前流域治理普遍面临的挑战。河长制正是在这样的背景下应运而生的地方政府制度创新,并于2016年12月被正式纳入我国流域治理制度的顶层设计之中。建设美丽中国,满足人民日益增长的优美生态环境需要,制度建设不可缺位。府际关系理论从权力分解、权责对应、监督问责等方面的制度设计上,使河长制实现了治水权力和责任在地方治理纵向和横向两个层面的制度化配置,这在一定程度上化解了河湖长制治理体制中由于部门职能分工和地理管辖界限所带来的政府间治水关系协调困境。

研究发现,府际治水的协调基本发生在政府科层等级之间、行政区域之间、职能部门之间,而河长制以共识激活—规则嵌入—技术驱动—结果导向为协调逻辑完成了对层级、区域和部门之间的治水功能整合。府际关系理论为破解河湖长制协作难题建章立制、为重构治水网络重拳出击。然而,制度的价值和权威取决于制度的执行力,河湖长制在府际协调过程中并非完美无瑕。针对河长制协调过程中存在的压力过度传导、协商制度空转、基层资源不足和容错保障不够等问题,为此需增强府际治水协调机制的责任回应性、组织权威性和执行有效性,并进一步优化制度的韧性。要想将"河湖长制"转化为"河湖长治",仍然需要打通制度实施的"最后一公里"。河湖水污染治理是一个跨区域、跨部门的工作,在倡导协同治理时,也需要政府之间、政府部门之间构建良好的关系,不断地加强交流合作,这样有利于实现河湖长制多元主体和府际间优势互补、共同治理、共享成果。

3.2　河湖长制长效作用机制

河湖长制是在我国严峻的水污染情势下水环境行政治理模式的创新,由各级党政主要负责人担任"河长",负责辖区内河流的整治和管理,以实现河道水质与水环境持续改善。它借鉴了行政管理中的约束、激励和竞争机制,明确了地方党政领导对环境质量负总责的要求,最大程度整合了各级党委政府的力量,提升和强化了法规制度的执行力。"河长制"起源于太湖蓝藻事件,由无锡市首创,随后淮河流域、滇池流域的一些省市纷纷效仿,目前已在全国范围内铺开。实践证明,"河长制"对河道水质水环境的改善、政府执政能力的提升和群众满意度的提高有显著成效。

3.2.1　"河长制"促进水环境治理的作用机制

"河长制"是在严峻水环境污染情势下,针对我国长期"职能交叉、权责不清"水管理制度的一种创新。其核心是统一领导、职责明确、协同作战,有效克服了环保部门、国土资源部门、水行政主管部门等"多龙治水"的低效率问题,有利于形成高效率、大力度的治水局面,其作用机制见图3-10所示。

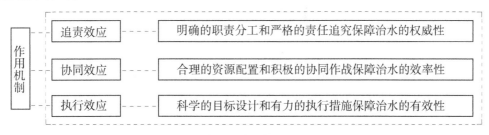

图3-10　"河长制"促进水环境治理的作用机制

3.2.1.1　追责效应——明确的职责分工和严格的责任追究保障治水的权威性

"河长制"完善了水污染防治工作的领导体制,为每一条河流都配备了相应的"河长"和责任单位。由地方党政领导担任"河长",负责所属河道的水生态、水环境持续改善和水质达标工作,牵头水环境整治方案的制订、论证和实施,强化各级行政力量的协调和调度。责任部门主要是协助"河长"履行指导、协调和监督职能,负责河道治理方案的具体落实并向"河长"报告工作。"河长制"强化了履职考核与问责机制。考核实行月点评、季通报、年考核以及不定期抽查相结合的方式,考核内容包括管理机制、整治工作及整治效果等方面。对考核结果优秀的,予以公开表彰,返还个人交纳的保证金并给予一定奖励。对未完成节能减排目标、重大决策失误、效果不明显的"责任河长",给予行政约谈、通报批评、扣减保证金、年度考核"一票否决"等处罚。以此强化治水目标责任制再落实,保障治水的权威性。

3.2.1.2　协同效应——合理的资源配置和积极的协同作战保障治水的效率性

"河长制"本质上体现了水资源集中管理、水环境协同治理的模式和思路。"河长"作为地方党政主要负责人,能够形成权威、稳定的领导机制,协调职能部门之间的利益之争,最大程度整合各级党委政府的执行力,提高水环境治理的行政效能。通过建立联席会议制度、成立联动执法机构、打造信息共享平台等,加强行政、公安、司法等部门的合作,综合运用监督打击、保护、预防、教育等手段,切实发挥联动治理的功效。对涉嫌非法排污、排污超标、不正常使用管网设施等违法行为与公安机关联合执法,有些地区对应"河长"体系,配置了"河道警长",积极开展"打污染清江河"专项行动,必要时移送司法机关。

3.2.1.3　执行效应——科学的目标设计和有力的执行措施保障治水的有效性

各地相继出台的"河长制"实施方案中,提出了水环境治理的总体要求,制定了分步实现的水环境治理工作目标,对不同职能部门的职责分工和考核管理做出具体安排,包括组织协调机构的设置、河长的设置及职责、职能部门的职责及考核管理办法等,实行分段监控、分段管理、分段考核、分段问责,保障治水的有效性。"河长"们上任后,纷纷着手河道会诊,全面排查河道排水口、沿河企业及作坊、居民排水情况,全面梳理辖区内脏乱、黑臭河道基本情况,切实掌握污染源总量构成及分布状况。具体问题具体分析,实施"一河一策",对症下药。提升和强化了法律法规和各项规章制度的执行力。

3.2.2　"河长制"向水环境治理长效机制的演化

水环境治理是一项迫切任务,也是一场持久之战,不仅要解决燃眉之急,更要建立长效机制。在充分肯定"河长制"积极作用的同时,应透过现象深入问题的本质,探究"河长制"所折射的现行制度的优缺点,逐渐明晰水污染状况对法律法规、管理机制及社会公众的具体要求,以建立水环境治理的长效机制。检视"河长制"发展历程,"河长制"向水环境治理长效机制演化是以法律法规建设为根本保障,以政府的科学规划、协调发展为主要导向,通过优化水资源配置和管理,强化水资源节约和保护,形成政府、企业、公众、媒体、民间组织等各种力量共同参与,法律、行政、市场、文化等多种手段并用的水环境治理网络不断完善的过程。"河长制"向水环境治理长效机制演化路径图如图3-11所示。

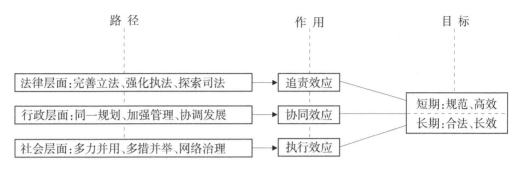

图 3-11　"河长制"向水环境治理长效机制演化路径图

3.2.2.1　法律层面

完善环境法规,严格环境执法,推广司法程序,是促使河长制向水环境治理长效机制演化的根本保障。将河湖治理纳入法制规范化的轨道,对河长制的实施提出明确的要求规范,使地方政府在做河长制的工作时有法可依,是河长制从有名无实到有名有实的重要一步。

1."河长制"成功经验的辐射和法制化

"河长制"的出台强化了政府的治水责任和执行力,但责任界定不够清晰,而且缺乏法律保障,责任追究缺乏权威依据。鉴于水资源只是众多自然资源中的一种,应该将"河长制"的成功经验辐射到整个环境资源领域,在环境法律法规中将地方政府领导负总责、职能部门协同治理的模式以法律的形式固定下来。同时,要细化地方政府履行环境责任、绩效考核和环境问责方面的法规制度。例如,出台《环境治理和保护条例》,明确地方政府领导、不同职能部门之间的责任分解,不同地区之间的协调沟通,加强部门、地区和流域的联合执法。出台《环境保护目标责任制考核评价条例》,建立整套考核评价指标体系与程序方法,明确达不到环境质量目标要求时政府及有关领导应当承担的责任。出台《环境问责条例》,明确环境问责的主体、对象、内容、程序、方式、结果运用等一系列制度,用法治的手段将地方政府对辖区环境质量负责的要求落到实处。

2.加大水污染执法力度

在组织方式上,水利、环保部门应与公安、司法等部门联合,增加执法的威慑力。在执行方式上,要将定期检查、突击巡查和群众举报等多种方式相结合。在处理处罚上,要严格执法,对于未经审批排污、超额排污或者超标准排污的处以罚款、责令整改,对于屡罚屡犯的"加计处罚",提高违法成本;对于涉嫌犯罪的及时移送公安机关,立案调查,情节严重的处以拘役或者有期徒刑等刑事处罚;建立社会责任信用体系,对于环境违法企业列入"黑名单",并向全社会公开,以声誉机制来处罚环境污染行为。通过强化水污染执法力度,使水环境管理从被动应对向主动防控转变,从控制局地污染向区域联防联控转变,从个别污染物控制向多种污染物协同控制转变,全面提升水环境保护的精细化、信息化和专业化水平。

3.推广环境公益诉讼制度

环境公益诉讼制度是指无直接利害关系的组织和个人可以根据法律法规的授权,对破坏环境、损害国家和社会公共利益的行为向法院提起诉讼,它体现了个人本位向社会本位的转变。环境公益诉讼一方面可以促使公众主动利用法律武器维护自身的环境权益;另一方面可以通过公众的维权行为,督促地方政府及相关职能部门自觉履行相应职责。云南省法院系统已经开始尝试推行环境公益诉讼,探索建立和完善环境污染诉讼案件审理的公众参与机制。实践中,由于涉案金额高、鉴定困难,起诉费和鉴定费成了限制环境公益诉讼的主要瓶颈。建议引入环境公益基金制度,或者减免环境公益诉讼费用,降低公众的诉讼成本,鼓励环境公益诉讼的提起。

3.2.2.2　行政层面

实施统一规划,优化管理制度,促进协调发展,是促使河长制向水环境治理长效机制演化的关键措施。

1.从大局着眼,实现环境保护与经济发展统一规划

水环境的治理是一个长期的过程,可能需要几十年甚至上百年的时间,而且能够承载多快的经济发展和人口增长,都不是河道治理单方面能解决的问题。应该秉承"河长制"以地方政府领导为环境治理第一责任人的思路,同时处理好经济发展与环境治理的关系。最好的方式就是在将环境保护和经济发展置于同等重要的地位,统一规划,从大局着眼,从事前控制,实现两者协调发展。在制定和执行财政、税收、环保等政策时,兼顾经济发展和环境保护,不片面追究经济发展,改变以往先污染后治理的局面。

2.遵循制度逻辑,完善水资源管理体制

决策理论认为,公共管理中权力越集中统一,责任就越明确,权力主体之间的破坏性竞争和摩擦就越小,资源保护效果就越好。因此,应该秉承"河长制"统一管理的思想,充分尊重河流的生态特征。对于跨界流域,以流域为单位建立统一的管理机构,制定统一的水污染防治规划,划分水污染防治规划区、控制区,建立区域间、河段间协调框架,形成清晰的流域与河流关系和明确的河流功能定位。对于非跨界河流,应当完善公共权力配置和制度设计,重新分配水利、环保等部门的职权。这不仅有利于优化水资源环境的常态化和长效性管理,促进可持续发展,也可以为政府环境责任的考核与问责提供重要依据。

3.完善对水环境治理的监督、考核和评价机制

首先是考核主体的多元化、考核方式的多样化。政府为主导的行政考核主要考核"河长"及职能部门水环境责任的执行情况;市场或专业机构为主导的专业考核主要从水质水环境改善的角度评价水环境治理的绩效;社会公众为主导的社会考核主要从水质水环境的社会满意度、水质水环境改善的社会认同度等方面进行评价。其次是完善考核指标体系。在组织管理方面,除了机构设置、制度建设、资源及工程管理等,还应包括监督、信息沟通等方面的指标;在工作实施方面,除了方案设计、责任分解、治污行动、工程推进等直接投入指标,还应包括市场引导、政策支持、舆论宣传等间接引导指标;在治理成效方面,除了水质水环境的改善,还要充分考虑水环境的人文属性,加入社会公众认同感和满意度等指标。最后是建立正式的信息公开平台充分公开"河长制"考核信息,包括考核的主体、标准、方式、结果等,保障公众的知情权,提高公众参与的积极性。

3.2.2.3　社会层面

调动各方力量,运用多种手段,形成网络治理,是促使河长制向水环境治理长效机制

演化的终极格局。

1.拓宽渠道,充分调动各方力量形成网络治理

除了政府监管部门,水环境治理网络还应该包括污染者、受害者、社会舆论监督者以及其他民间组织。污染治理要从根源入手,应通过各种手段来塑造具有良好环境意识和自律行为的企业和公民,让作为污染主体的企业或公民从被动接受监督和约束转向采取措施主动减少污染、保护环境。污染者行为和意识的改变往往需要一个长期的过程,在这个过程中,除了法律和行政力量的强制约束,还有来自两个方面的作用力:一是来自社会公众和舆论的压力,二是来自政府及民间组织的宣传和感召力。采取座谈会、听证会、投诉与申诉、信访、民意调查、政府咨询、政府网站、社区宣传、协商及参与公共舆论等多种方式让社会公众广泛参与到河流污染治理中来。充分发挥新闻媒体的舆论监督作用,通过加大环境违法曝光力度和公布违法排污企业"黑名单",倒逼责任主体限期整改。积极培育和发展非政府环保组织,积极开展活动,增加公众对组织的认同和信任,广泛地接纳公众参与水污染治理,提高社会影响力。

2.拓展思路,综合运用多种手段提升治理效率

要突破行政和法制治理手段,在适当的环节和领域逐步引入市场机制,同时加强水文化宣传和教育,形成法律、行政、市场、文化多管齐下的局面。通过教育、宣传让公众意识到环境的重要性和紧迫性,正确引导企业和社会公众该做什么、能做什么,形成节约环保的良好习惯和社会氛围。其次可以考虑将市场机制引入环境治理和保护,比如水权、排污权交易市场,供水、污水治理市场化等,将排污和污染治理推向市场比纯粹由政府管制可能效率更高。

虽然"河长制"对河道水质水环境的改善有显著成效,但也面临着现实困境,并且存在内生弊端。从短期来看,其考核与问责机制不完善;从长远来看,缺乏长效性、社会性与可复制性。"河长制"向水环境治理长效机制演化的路径在于法律层面要完善环境法规、严格环境执法、推广司法程序,作为根本保障;行政层面要实施统一规划、优化管理制度、促进协调发展,作为关键措施;社会层面要调动各方力量、运用多种手段、形成网络治理,作为终极格局。

3.2.3 发挥机制优势以推动河湖长制从"有名"转向"有实"

将河湖长制作为贯彻落实国家生态文明思想的重大举措,不断健全"党政领导、河长主导、流域统筹、部门联动、系统治理、齐抓共管"的河湖长制工作体系,推动河湖长制从"有名"转向"有实"。

3.2.3.1 加强统筹协同,不断优化治河护河工作机制

各地出台河长制领导小组工作规则,明确各成员单位职责,实行联络员制度和集体研究重大问题会议制度。在原有的领导小组会议、总河长会议、河长制湖长制工作推进会议和河长办会议制度基础上,可考虑增设河长专题会议制度或专题会商制度。为统筹流域区域河湖治理,建立流域+区域联席会议制度,强化重点流域治理等方面的协作,为成功解决跨界河湖管理问题创造条件。

3.2.3.2　持续高位推动,以上率下构建全覆盖的责任体系

以广东省为例,省委、省政府坚持高位推动河长制工作,由省委书记、省长担任省第一总河长、总河长,并分别认领督办重污染河流治理工作,形成"头雁"效应。省河长办主任由省委常委担任,各市河长办主任基本由市委常委、分管副市长担任。镇级以上全部实行党政主要领导双河长制,设立省、市、县、镇、村五级河长、湖长,并发展当地村民小组巡河员队伍,实现全省江河湖库管护全覆盖。各级河长湖长及巡河员按时巡河检查,使护河管河形成常态。

3.2.3.3　扩大公众参与,全面营造共治共享的社会氛围

加强主流媒体广泛宣传报道,发起护河志愿行动,指导各地通过聘请社会监督员、招募民间河长、设置河道警长等多种方式,推动河长制湖长制进企业、进校园、进社区、进农村。如广州市发动党员认领责任河段,深圳市组建了包括志愿者河长、"河小二"、红领巾小河长、护水骑兵志愿服务队及高校护水联盟的全面护河治水队伍体系。至2018年年底,广东全省共组建"护水骑兵"、皮划艇护河志愿服务队等各类护河志愿者队伍5 479个,2018年以来开展志愿行动3 603场,发动36万名志愿者参与,社会共同助力河长制的良好氛围初步形成。

河长制的发展已经进入了一个全新的时期。外界因素的变化及其发展过程中遇到的问题要求我们总结河湖长制运行经验,从不同的角度提出解决方案并以此不断强化河长制湖长制成效。法律层面是根本保障,行政层面是关键措施,社会层面是终极格局。在这三位一体的措施下,相信河长制能朝着长效机制的方向不断发展,以达成河湖水环境有效治理的终极目标。

3.3　河湖长制长效多元支撑体系构建

河长制是由地方政府率先实行并推广到全国的一种极具中国特色的创新性河湖管理制度和模式。推行河长制是一项涉及众多领域、机构、群体的重要战略举措,需要政府、企业、社会和个人共同发力的大工程。为了保障河长制的有效落实,需要配套相应的支撑体系。基于对河长制的认识和理解,研究构建以"技术标准—行政管理—政策法律"为框架的河长制支撑体系(见图3-12),其中:技术标准体系主要涉及支撑河长制稳步落实的技术手段与标准规范,对应河长制的主要任务,分为水资源保护、水污染防治、水生态修复、河湖工程建设、河湖健康与水资源合理分配6类;行政管理体系主要涉及支撑河长制稳步落实的行政与管理制度,分为河长制行政审批机制、河长制监督管理机制、河长制行政考核机制、水域岸线管理机制和河湖保护机制5类;政策法律体系主要涉及保障河长制稳步落实的政策制度支撑和法律法规支撑,分为河道管理法律制度、水权制度、水环境保护法律制度、生态环境用水政策法律、涉水生态补偿机制和水事纠纷处理机制6类。

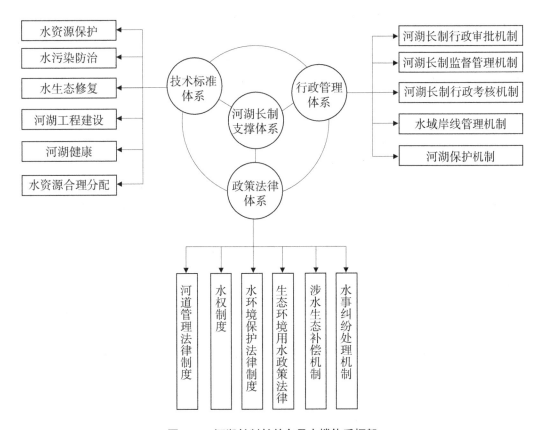

图 3-12 河湖长制长效多元支撑体系框架

3.3.1 技术标准体系

3.3.1.1 水资源保护技术标准体系

水资源是人类社会生存、发展和繁荣不可或缺的最重要的战略资源。水资源保护涉及水资源的开发与高效利用、合理配置、可持续利用、入河湖排污口布局与整治、水源地及地下水保护等方面的技术和标准,是河长湖长管理和保护河湖水资源的重要依据和技术支撑,要紧紧围绕水功能区水质达标评估管理、控制河流污染物总量、完善流域水资源管理法律制度、水生态系统保护与修复等方面,加强水资源保护技术标准体系建设。

3.3.1.2 水污染防治技术标准体系

水污染防治是保护水生态环境、修复水生态的必要措施,包含污水环境改善、水污染治理等。水污染防治应当坚持预防为主、防治结合、综合治理的原则,优先保护饮用水水源,严格控制工业污染、城镇生活污染,防治农业面源污染,积极推进生态治理工程建设,预防、控制和减少水环境污染和生态破坏。我国现有的水污染防治技术标准有很多,涉及生活、农业、工业等方面,相应的技术标准可供河长湖长在开展河湖水污染防治工作中遵循和参考。

3.3.1.3　水生态修复技术标准体系

河湖生态修复是指利用生态系统原理,采取各种方法修复受损伤的水体生态系统的生物群体及结构,重建健康的水生生态系统,修复和强化水体生态系统的主要功能,并能使生态系统实现整体协调、自我维持、自我演替的良性循环。水生态修复的目的是改善河湖水源地水质、修复退化的河湖湿地、重建重污染河湖水生态等。在当前科技支撑下,针对大多数生态环境类型均有配套的修复技术标准可以参考和借鉴,这些技术标准是河长湖长开展河湖水生态修复工作的技术保障。

3.3.1.4　河湖工程建设技术标准体系

水工程指原水的取集和处理及成品水输配的工程,具体包括跨流域调水工程、供水工程、防洪工程、排水工程、河道堤防工程及水污染治理工程等,是河湖管护中必不可少的水工程。河湖工程建设技术标准是针对各类河湖建设工程的规划、勘察、施工、验收、运营管理及维修等事项制定的技术依据与准则。依靠该技术标准,河长湖长可以在河湖工程建设的安全实施方面进行指导与质量把关。

3.3.1.5　河湖健康技术标准体系

加强河湖管理保护,维护河湖健康生命,保障河湖功能永续利用,是保障我国水安全的根本举措,也是践行生态文明思想的根本要求。河湖健康技术标准是判别河湖状态与河湖治理措施是否有效的技术准则。河长湖长在对所管辖河湖进行健康评价时,可结合河湖实际情况,依据河湖健康技术标准,充分利用可以表征河湖状态的关键指标数据,选用适当的评价方法对河湖健康进行评价。

3.3.1.6　水资源合理分配技术标准体系

水资源合理分配指在流域或特定的区域范围内,对可利用水资源进行的合理开发和配置;遵循高效性、公平性和可持续性的原则,按市场经济规律和水资源配置准则,通过工程与非工程措施并采用供需平衡分析,调配各用水部门,协调生活、生产、生态用水,以抑制需求、保障供给、协调供需矛盾、有效保护生态环境、实现水资源规划与管理现代化。在水资源供需矛盾日益严重的情况下,河长湖长为了科学合理地协调各地区的水资源分配,节约和保护河湖水资源,不仅需要好的决策手段,而且需要合理的水资源分配技术标准作支撑。

3.3.2　行政管理体系

3.3.2.1　河长制行政审批机制

行政审批是行政审核和行政批准的合称。行政审核又称行政认可,其实质是行政机关对行政相对人行为合法性、真实性进行审查、认可。审批性的管理行为包括审批、核准、审核、备案。河长制行政审批机制是指行政机关依法审核、批准或同意河湖管护部门、自然人、法人等申请从事河湖管护中的特定活动,认可其行事能力的核查制度,可以保障河湖管护措施的科学合理和合法性。要尽快制定、明确和规范河长制行政审批程序,维护河长制的健康和良性运转。

3.3.2.2　河长制监督管理机制

河长制既是治水工作机制,也是责任制,要健全完善河长制长效机制,切实维护河湖健康生命,构建河湖管护的制度保障,不断推动河长制工作走向深入。河长制监督管理机制是加强河湖管护监督考核的必要举措,河长制的监督和管理要实现信息透明化,定期督察通报河长制落实情况与河长履职情况;建立公示制度,公示各级河长名单、河湖概况及管理现状、各阶段治理目标、河长制工作监督举报电话等,接受社会监督。

3.3.2.3　河长制行政考核机制

河流治理非一日之功,"河长制"能否实现河湖的长治,解决水治理块块分割问题,完善相应的考核机制是关键。河长制行政考核机制是提高河湖管护工作效率与效果的保障。县级及以上河长应负责组织对下一级河长的考核,并根据河湖实际,以季度考核和年度督察相结合的方式进行差异化绩效评价考核,并将考核结果列入河长的综合政绩考核中,有功必奖、有过必罚。

3.3.2.4　水域岸线管理机制

河湖水域岸线是保障河湖供水安全与防洪安全的重要屏障,同时对维系良好的河湖水生态环境具有重要作用。河湖水域岸线管理机制主要是用来规范和指导河长进行河湖水域岸线管护工作,通过建立水域岸线管理机制,明确和划分河长及各部门的职责,统一规划水域岸线管理,充分发挥水域岸线资源的综合效用。此外,水域岸线管理机制要规划落实岸线分区,根据岸线功能对河湖水域进行分区治理。

3.3.2.5　河湖保护机制

河湖保护机制是河长进行河湖管护工作的基础,是推行河长制的指导准则。完善河湖管理保护机制,可有效提升河湖管护水平。各地区应结合实际建立河湖保护机制,为河湖管护的各项任务确定相应的措施和实行标准,可从制定水资源保护规划、规范水域岸线管理、完善入河湖排污管控机制、统筹水环境、水生态修复、建立河长制监督考核体系等6项主要任务入手。

3.3.3　政策法规体系

3.3.3.1　河道管理法律制度

河道管理法律制度是对河道管理的主要内容和规范在法律层面上予以明确,即提供法律依据,是国家对河道管理进行有效控制的重要手段,如《中华人民共和国河道管理条例》等。为加强河道管理,保障防洪安全,发挥江河湖泊的综合效益,必须加强河道管理法律制度建设。依据河道管理法律制度,河长可依法对河道行使管理权。同时,根据河长制"一河一策"的原则,地方政府可以结合河湖实际,就河道管理的几个方面制定管理实施细则,力求全方位管理。

3.3.3.2　水权制度

水权是指水的所有权和各种利用水的权利的总称,其主要内容有水的所有权、取水权及与水利有关的其他权益等。水权水市场改革是我国水资源管理改革的重要内容。我国积极开展水权交易试点,开展水权确权、建设水权交易平台,并取得了一定的成效;但由于法律法规、区域用水指标衔接、监管能力等因素的制约,导致水权交易面临许多困难。水权制度是建立水市场、落实水权交易的基础,因此学习水权制度不仅有利于河长有效管理所辖流域内的水权交易,还能帮助、协调和解决各利益主体之间的水权纠纷和矛盾。

3.3.3.3　水环境保护法律制度

水环境保护法律是我国为防止水环境恶化、保护和改善水环境所制定的法律(如《中华人民共和国水污染防治法》),可为河长及河湖管护机构进行水资源规划、配置与调度及水行政执法监督检查等水环境保护行为提供法律制度保障。在水环境保护方面我国尚存在制度性缺失,应着重建立完善信息公开与披露制度、公众参与决策制度、公众参与监督制度、统一管理与协同合作相结合机制、国际协作机制等。

3.3.3.4　生态环境用水政策法律

生态环境用水是关于水资源管理的一个综合性思维方法,可以为人类社会可持续发展发挥重要作用。人类活动挤占生态环境用水,造成河湖生态环境退化是亟待解决的关键问题;国家政策与法律、国际协定、公众参与、市场机制、公众意识、技术支持和流域管理是影响生态环境用水实践的关键因素。目前,亟须从法律层面对生态环境用水进行强制规范和限制,划定生态环境用水红线,加快生态环境修复进程。

3.3.3.5　涉水生态补偿机制

建立涉水生态补偿机制是保护河湖水环境、修复河湖水生态的必要举措,是推行河长制顺利实施的重要内容。通过建立限制发展区域、重大水利工程建设、生态保护与生态修复等涉水生态补偿机制,可以为河湖不同水功能区的生态修复提供依据与制度支撑。涉水生态补偿标准决定着生态补偿机制的成败,应采取服务功能价值核算法或成本核算法,公正地确定补偿标准等。

3.3.3.6　水事纠纷处理机制

我国现行水事纠纷解决机制存在跨行政区水事纠纷解决方式规定不协调、同行政区水事纠纷解决方式混乱、行政处理水污染损害赔偿纠纷作用弱化、法律概念含混不清等诸多缺陷。水事纠纷处理机制旨在帮助解决涉水矛盾和纠纷,在河长制的推行过程中,开展河道管理、水资源配置、水工程建设、水灾害防治、水污染处理等工作势必引发区域内或区域间的水事纠纷,建立统一、全面、系统、高效的水事纠纷解决机制显得尤为重要。

河湖长制多元支撑体系是一个有机的整体,它涉及河湖治理与保护的多方面因素,对有效提升河湖治理和保护水平意义重大。各地要结合本地实际情况,因地制宜地建立和完善河湖长制多元支撑体系,切实提高河湖长制运行的实效。

第4章　河湖治理措施体系

　　我国水资源短缺、水污染严重、水生态恶化等问题突出,已成为制约经济社会可持续发展的主要瓶颈。加快推进河湖治理工作迫在眉睫。河湖管理保护是一项复杂的系统工程,涉及上下游、左右岸、不同行政区域和行业。河湖治理是一项复杂的系统工程,涉及水资源管理与保护、河湖水域岸线管理保护、水污染防治、水环境治理等多方面的工作任务,综合组成一套完整体系。全面推行河湖长制是落实绿色发展理念、推进生态文明建设的内在要求。为顺利实现新时期河湖治理的根本目标,要全面推进生态河湖治理。

4.1　水资源管理与保护措施体系

　　水资源管理与保护是一项艰巨而复杂的系统工程,其重点是解决水资源短缺、水污染严重、水生态环境恶化等问题,其核心是建立最严格水资源管理制度。最严格水资源管理制度是实施"红线管理制度保障"的一种制度设计和水资源管理与保护模式,是从制度上推动经济社会发展与水资源水环境承载能力相适应。坚持绿色发展理念,树立底线思维,以水资源节约、保护和配置为重点,加强用水需求管理,以水定产、以水定城,建设节水型社会,促进水资源节约集约循环利用,保障经济社会可持续发展。

4.1.1　加强水资源开发利用控制红线管理,严格实行用水总量控制

　　根据各流域、各行政区域水资源开发利用控制指标,通过江河流域水量分配工作,明确重要江河和地下水水源地取用水总量控制指标;通过健全规划管理、水资源论证、取水许可、水资源调度等制度,严格监督管理,确保水资源开发利用控制指标的实现。

4.1.1.1　严格水资源管理与保护规划管理

　　完善全国、流域和区域水资源规划体系;严格规划管理,各项水资源开发、利用、节约、保护和管理行为必须符合规划要求;落实水工程建设规划同意书制度。

4.1.1.2　严格控制流域和区域取用水总量

　　以《全国水资源综合规划(2010—2030)》为主要依据,在明确各省水资源开发利用控制红线指标的基础上,以水资源紧缺、生态环境脆弱、水事矛盾突出、涉及跨流域和跨区域调水等的江河流域为重点,做好全国主要跨省江河流域水量分配工作。各省(自治区、直辖市)按照江河流域水量分配方案或取用水总量控制指标,制订年度用水计划,依法对本行政区域内的年度用水实行总量管理。建立健全水权制度,积极培育水市场和开展水权交易工作,运用市场机制合理配置水资源。

4.1.1.3　严格执行建设项目水资源论证

　　严格执行建设项目水资源论证制度,把建设项目水资源论证作为项目审批、核准的刚性前置条件,对不符合国家产业政策和水资源管理要求的建设项目,其水资源论证报告书

一律不得批准;对未依法完成水资源论证工作、擅自开工建设和投产使用的建设项目,一律责令停止。加强相关规划和项目建设布局水资源论证工作,国民经济和社会发展规划及城市总体规划的编制、重大建设项目的布局,应当与当地水资源条件和防洪要求相适应。

4.1.1.4　严格实施取水许可

严格落实国务院《取水许可和水资源费征收管理条例》和水利部《取水许可管理办法》,将取水许可审批作为控制用水总量过快增长、落实水资源开发利用控制红线的重要抓手。对取用水总量已达到或超过控制指标的地区,暂停审批建设项目新增取水;对取用水总量接近控制指标的地区,限制审批建设项目新增取水。暂停审批建设项目新增取水的地区,新建、改建和扩建建设项目取水只能通过节约用水、利用再生水等非常规水源、水权转让等方式解决。

4.1.1.5　严格水资源有偿使用

合理调整水资源费征收标准,扩大征收范围,完善水资源费征收、使用和管理的规章制度;落实《水资源费征收使用管理办法》《中央分成水资源费使用管理暂行办法》,严格水资源费征收、使用和管理。

4.1.1.6　严格地下水管理和保护

健全地下水管理与保护的政策法规与技术标准体系,全面推行地下水取用水总量控制管理和水位控制管理。严控地下水开发利用规模,防止产生新的超采区;积极推进地下水超采治理,逐步削减超采量,实现地下水采补平衡。加强地下水保护,防止污染和破坏地下水。

4.1.1.7　强化水资源统一调度

加快制定和完善水资源调度方案、应急调度预案和调度计划,全面落实水资源调度管理责任制;加强重要江河、湖泊和水资源配置工程水资源统一调度,为保障防洪安全、供水安全、粮食安全和生态安全奠定科学扎实的基础。

4.1.2　加强用水效率控制红线管理,全面推进节水型社会建设

在建立用水效率控制红线指标体系的基础上,通过严格用水定额管理、强化计划用水管理、建立有利于节水的水价机制等非工程措施,以及大力推进农业节水灌溉、工业和城市生活节水技术改造、开发利用非常规水源等工程措施,不断提高用水效率和效益,确保用水效率控制目标的实现。

4.1.2.1　加强节水型社会建设组织管理

深入推进节水型社会建设,把节约用水贯穿于经济社会发展和群众生产生活全过程。进一步推动节约用水法规和标准体系建设,推动水价改革,建立有利于节约用水的体制和机制,全面加强节水型社会建设组织管理。

4.1.2.2　严格用水定额管理

健全用水定额标准,将用水定额作为水资源论证、取水许可、计划用水等水资源管理的重要依据,严格用水定额管理。对不符合用水定额标准的取水申请,审批机关不得批准取水许可;对超定额用水的,严格执行累进水资源费和累进水价制度。

4.1.2.3　强化计划用水管理

健全计划用水管理制度,对纳入取水许可管理的单位和其他用水大户实行计划用水管理;建立用水单位重点监控名录,强化用水监控管理;保证节水设施与主体工程同时设计、同时施工、同时投产的"三同时"制度,强化重点用水单位节水监督管理。

4.1.2.4　加快推进节水技术改造

加快大中型灌区续建配套节水改造,全面推进小型农田水利重点县建设,加强灌区田间工程配套,完善农业节水工程体系;加大工业节水技术改造力度,建设节水示范工业园区;加大城市生活节水工作力度,大力推广使用生活节水器具;积极发展非常规水源开发利用,逐步提高城市污水处理回用比例,将非常规水源开发利用纳入水资源统一配置。

4.1.3　加强水功能区限制纳污红线管理,严格控制入河湖排污总量

以国务院批复的《全国重要江河湖泊水功能区划(2011—2030年)》为依据,以实现各阶段水功能区达标率为主要目标,在核定水功能区纳污能力、提出分阶段限制排污总量意见的基础上,建立和完善水功能区限制纳污管理、入河湖排污口监督管理、全国重要饮用水水源地安全保障、水生态系统保护与修复、河湖健康评估、突发水污染事件应急建设等工作体系,构建水资源保护工作的规划、工程、法规标准和监控能力等基础支撑,初步建成水资源保护和河湖健康保障体系。

4.1.3.1　强化水功能区监管

健全水功能区限制纳污管理制度,完善水功能区管理体系,完成水功能区纳污能力核定,提出分阶段限制排污总量意见,建立水功能区水质达标评价体系,提高水功能区监测能力和管理水平,强化水功能区基础性和约束性作用。

4.1.3.2　严格入河湖排污口监督管理

全面及时掌握入河湖排污口分布情况;建立取水许可和排污口设置管理联动机制,对排污量超出水功能区限制排污总量的地区,限制审批新增取水和入河湖排污口;加强对已有入河湖排污口的整治。

4.1.4　建立水资源管理责任和考核制度,健全水资源监控体系

将水资源开发利用、节约和保护的主要指标纳入地方经济社会发展综合评价体系,落实水资源管理责任制。制定出台实行最严格水资源管理制度考核办法,严格考核管理。健全水资源监控系统,保障"三条红线"指标可监测、可评价、可考核。

4.1.4.1　建立水资源管理责任和考核制度

建立水资源管理责任与考核制度,将水资源开发利用、节约和保护的主要指标纳入地方经济社会发展综合评价体系,严格考核管理。

4.1.4.2　健全水资源监控体系

建设完善国家和省级水资源监控管理信息系统,加强取水、排水、入河湖排污口计量监控设施建设,逐步建立中央、流域和地方水资源监控管理平台;进一步优化水文站网布局;建立国家地下水监测站网,加强地下水动态监测;加强取水和入河湖排污口排污量监督监测;完善"三条红线"指标监测与统计方法,及时发布水资源公报等信息。

4.1.5　水资源管理与保护保障措施

4.1.5.1　加强组织领导

建立最严格水资源管理制度各级政府一把手负责制,形成"一级抓一级,层层抓落实"的工作格局。各级主管部门要切实提高对实行最严格水资源管理制度重要性的认识,把水资源管理和保护工作摆上重要位置,主要领导要亲自抓,负总责,细化工作措施,明确时限要求,落实到工作岗位,明确工作责任;加强水资源管理与保护机构和队伍建设,健全水资源管理与保护机构,确保机构、编制与严格水资源管理的任务相适应;建立健全系统内目标考核、干部问责和监督检查机制,做到工作有布置、有检查、有评估、有奖惩,形成"一级抓一级,层层抓落实"的工作格局。

4.1.5.2　完善水资源管理与保护政策法规和技术标准体系

完善水资源配置、节约、保护和管理等方面的政策法规体系,细化制度措施要求,不断增强各项制度措施的针对性和可操作性;加快制定完善水资源管理技术标准;严格执法监督管理。

4.1.5.3　强化水资源管理与保护科技支撑

加强水资源基础性、战略性问题研究,加强水资源管理与保护应用技术研发与推广。最严格水资源管理与保护的技术支撑体系可归并为四大领域,即二元水循环与用水原理、水循环及伴生过程系统模拟、水资源系统综合调配技术体系和节水减排技术与调节机制。通过这些水资源管理与保护科技支撑,将能有效支撑区域水资源的合理配置、用水过程管理和水域调度管理等,更好地满足区域经济社会发展需求。

4.1.5.4　完善水资源管理与保护体制

完善流域管理与行政区域管理相结合的水资源管理与保护体制。推进城乡水务管理一体化,稳步推进水务市场化进程,加强政府对水务行业和市场的监督管理;建立实行最严格水资源管理制度部门合作机制。加强与环保、城建、国土等有关部门的沟通协调,研究建立多部门密切合作、共同做好最严格水资源管理制度的合作机制。

4.1.5.5　完善水资源管理与保护投入机制

推动拓宽水资源管理与保护投资渠道,建立长效、稳定的水资源管理与保护投入机制,保障水资源节约、保护和管理工作经费。

4.1.5.6　加大宣传和表彰力度

大规模、多角度、深层次宣传水资源管理与保护制度,推动最严格水资源管理制度理念深入人心;大力宣传先进做法和典型经验,加大表彰奖励工作力度,广泛动员社会各界参与和支持水资源管理与保护,为水资源管理与保护营造良好的舆论氛围。

4.2　河湖水域岸线管理措施体系

河湖水域岸线管理和保护涉及面广,牵扯事项较多,工作艰巨而复杂,必须有严格的管理制度保障。河湖水域岸线管理涉及水利、环保、国土、住建、林业、公安、渔业、旅游、交通等多部门,河长制则主要突出地方党委政府的主体责任,强化部门之间的协调和配合,以河长办为牵头部门,明晰各个部门在河湖水域岸线管理之间的分工,合理事权划分,落实各自工作责任,搭建联合管理的工作平台。

4.2.1　编制生态空间管控及水域岸线保护利用规划

规划是指导下一步工作的纲领性文件,一般包含管理的目标、所要解决的主要问题、采取的主要措施及时间安排等。不同流域由于地域不同、区域文化不同,所面临的问题及对岸线资源的需求也不同。这就需要对流域内现状的岸线资源进行详细的调查评价,了解各河段岸线资源的历史、文化、生态等各方面的现状,再结合流域的发展目标、区域的发展方向,制订具体的开发利用规划。

2007年3月,水利部《关于开展河道(湖泊)岸线利用管理规划工作的通知》(水利部水建管〔2007〕67号),在全国范围内启动了河道(湖泊)岸线利用管理专项规划。2014年水利部印发了《关于加强河湖管理工作的指导意见》(水建管〔2014〕76号),要求落实水域岸线用途管制,与水功能区划相衔接,将水域岸线按规划划分为保护区、保留区、限制开发区、开发利用区,严格分区管理和用途管制;2016年水利部与国土资源部联合印发了《水流产权确权试点方案》(水规计〔2016〕397号),要求在试点区域划定水域、岸线等水生态空间范围确定水生态空间权属;2016年水利部与国家发展和改革委员会等部委联合印发了《耕地草原河湖休养生息规划(2016—2030年)》,要求至2020年基本建立河湖水域岸线用途管控制度,有效保护河湖生态空间等。

但是目前我国水生态空间的管控存在概念不明晰、标准不健全、事权划分烦琐、管理碎片化严重、责权利不明确、管理被动性与滞后性突出等问题。同时,环保部印发了《关于规划环境影响评价加强空间管制、总量管控和环境准入的指导意见》,强调划分生态保护红线,强化空间管制的内容;海南、福建等一些省(自治区、直辖市)正在开展"多规合一"规划编制,以期协调好水生态空间与其他类型空间的关系,协调好水生态空间科学保护与合理利用的关系。

4.2.2　完善涉河湖水域岸线管理法律法规体系

需制定专门岸线管理规章,明确岸线管理范围、岸线管理主体与事权、规划管理制度、利用审批与监督管理及岸线占用补偿制度等,系统规范岸线开发利用及保护制度,从法规的层面上规范岸线管理。

目前,《中华人民共和国河道管理条例》关于岸线管理规定如下:河道岸线的利用和建设,应当服从河道整治规划和航道整治规划。计划部门在审批利用河道岸线的建设项目时,应当事先征求河道主管机关的意见。河道岸线的界限,由河道主管机关会同交通等有关部门报县级以上地方人民政府划定。该条例只涉及岸线规划、岸线范围及占用管理较为原则的规定,尚需出台实施细则进一步细化,使其具备可操作性。

水利部《关于加强河湖管理工作的指导意见》(水建管〔2014〕76号)中明确,着力推进河湖管理工作有法可依、有章可循,在完善现有河湖管理法规制度的同时,要求各地根据本地区实际,健全涉河建设项目管理、水域和岸线保护、河湖采砂管理、水域占用补偿和岸线有偿使用等法规制度,制定和完善技术标准。

4.2.3　建立健全协调机制

考虑岸线管理的特点,保证协调的高效与权威、专业与民主,可以考虑建立岸线开发利用与保护管理联席会议制度。既要有所涉及地方政府领导参加,也要有水利、发展改革委、海洋、交通、国土、市政、环保等部门的领导参加,还要吸纳和鼓励专家、民众等非政府人士参加。

设定专门办事机构,其他部门设有联系专人。办事机构负责相关信息的收集、传递与发布,联席会议的承办和信访等工作。联席会议每半年召开一次,主要讨论岸线开发利用的相关规划、重大项目或有争议的项目的会审论证、重大违法占用岸线事件的处罚意见等内容,遇特殊情况亦可不定期召开。重大涉及岸线的项目开发亦可通过论证会、听证会等方式广泛吸取多方意见。

4.2.4　建立公众参与机制

公众参与是实现岸线资源综合管理的重要环节。拥有良好的公众参与机制可以让人们充分了解项目开发的目的,以及会给他们带来怎样的影响,也可通过公众参与项目的规划、建设、监督程序,使项目能更好地执行。

一般公众参与程序主要包括信息发布、信息反馈、反馈信息汇总、信息交流4个部分。其中,信息发布是公众参与的第一步,也是至关重要的一环。其做法主要是通过大众传媒发布项目有关的概况和目的。信息反馈是管理者与参与者的沟通渠道,主要通过热线电话、公众信箱等方式回答公众提出的问题,接受、记录公众提出的建议,还可以通过社会调查的方法进行,如访谈、通信、问卷、电话等。反馈信息汇总则主要是对于反馈的信息进行整理汇总,建立数据库,运用合适的统计方法综合分析反馈信息的主要问题和意见。信息交流的主要方法是会议讨论,如听证会和专家讨论会等。通过研究国外一些成功的环境管理公众参与机制以及结合目前岸线管理存在的不足之处,要建立良好的公众参与机制,主要包括从法律上明确公众的参与权,以及在项目实施各阶段组织公众参与活动。

4.2.4.1　立法保障公众参与流域管理的权利

目前,在流域的管理中,水利主管部门已制定了较多较详细的法律法规,如《中华人民共和国水法》《中华人民共和国防洪法》《中华人民共和国河道管理条例》。但这些法律法规对公众参与管理的权利没有较明确的规定。应尽快修改法案,在立法中加强对社会组织、公民等非政府主体的权益制定,完善我国有关公众参与岸线资源保护及利用的法律法规,使公众的保护活动有法可依。这其中主要包括参与权及检举权,即任何单位和个人有参与岸线资源开发利用的权利及查询规划和举报或者控告违反岸线利用规划行为的权利。

4.2.4.2　建立公众参与岸线资源管理的组织及活动

通过建立公众广泛参与的流域管理组织及在项目的各阶段举办公众参与活动,可使公众充分利用管理及知情权。其中,公众可通过以下一些方式参与到岸线保护利用管理中。

(1)在岸线资源利用的规划编制过程中,编制机关采用现场调查、座谈、电话回访等方式征求公众或社团组织的岸线开发利用意见,在制订岸线规划利用草案后予以公告,并采取论证会、听证会或者其他方式征求专家和公众意见,在报送审批的材料中附具意见采纳情况及理由。

(2)在规划的实施阶段,当地人民政府水利主管部门将经审定的流域岸线资源利用详细规划、工程设计方案的总平面图予以公布。若需修改岸线利用规划及工程方案,水利及城乡规划主管部门应当征求规划地段内利害关系人的意见。

(3)在修改流域综合性利用规划及岸线综合利用保护规划时,组织编制机关应当组织有关部门和专家定期对规划实施情况进行评估,并采取论证会、听证会或者其他方式征求公众意见,向流域范围内各市人民代表大会常务委员会及人民代表大会和原审批机关提出评估报告并附具征求意见的情况。

(4)公开监督检查情况和处理结果,供公众查阅和监督。

4.2.5　加强基础设施及执法能力建设

基础设施建设是岸线利用的基本条件。应加大对大江大河、重要湖泊治理的资金投入,加快河道综合整治步伐,逐步建立河势整治控制与岸线开发利用相适应的投入机制,引导和推进岸线开发利用项目与相关河段防洪和河势整治工程的有机结合;鼓励和支持有利于巩固防洪安全、促进河势稳定的岸线利用项目先行实施,为岸线利用、管理提供基础保障;要加快完善水文水资源监测、观测站网建设,争取每隔3~5年开展一次较大范围的水文、水质同步测验工作,积累长系列基础资料;建立标准化、规范化的基本资料数据库、规划成果数据库、岸线开发利用数据库等,为岸线管理提供决策依据和信息支持。

坚持以预防为主,防、查并重的原则,重点从认真执行水行政执法检查办案制度、规范执法行为方面推动执法工作,维护良好的岸线开发秩序。

4.2.5.1　加强水政执法队伍建设,提高水政执法效能

(1)加强水政监察法律知识和业务培训工作,提高法律知识和执法实际操作知识。一旦发现违反行为能准确运用法律法规,并在执法过程中不偏不倚,维护水法律法规的公正性。

(2)加强政治思想教育,树立良好的道德价值观。水政执法人员具有一定的管理权和执法权,一些不法分子为了获取公共利益常采用一些不法手段,面对各种诱惑,水政执法人员必须具备较强的抵御能力。

(3)增强服务意识,强化协调管理。水政执法是一项合作性很强的工作,在执法过程中可能涉及与环保、国土、城建等其他部门的合作。只有具有良好的服务意识,在合作中积极、主动、真诚,才能得到各部门的大力配合,为执法工作的开展营造更加良好的工作环境。

4.2.5.2　建立监督机制

预防监督是有效的行政管理手段,通过水行政主管部门项目审批许可指导岸线资源的开发利用方向,规范开发利用程序。要建立监督机制:一是通过流域管理机构派出监督管理员到各地方水行政主管部门承担预防监督职责。二是利用协会或组织,通过适当鼓励建立起有效专业的监督管理队伍。三是通过广泛宣传、典型示范等形式,发动群众

自觉保护和相互监督。四是建立监督网络系统,实时掌握岸线资源动态,及时处理违法行为。

4.2.6　加强划界确权、采砂、围垦、清障管理

岸线是一种资源,对岸线的管理,着眼于对岸线资源的管理。视岸线的功能而异,该保护的加以妥善保护,该利用的加以高效利用,而介于两者之间的,则在保护的基础上适当开发利用。

4.2.6.1　岸线划界确权

《水利部关于开展河湖管理范围和水利工程管理与保护范围划定工作的通知》(水建管〔2014〕285号),明确划界依据如下:《中华人民共和国水法》、《中华人民共和国河道管理条例》,各省实施《中华人民共和国水法》办法,水利部和国家发展和改革委员会联合颁布的《河道管理范围内建设项目管理的有关规定》及各流域防洪规划、各城市防洪规划及总体规划、河道整治规划或堤线规划、相关技术标准等,如《防洪标准》(GB 50201—2014)、《水利水电工程设计洪水计算规范》(SL 44—2006)、《水利水电工程测量规范》(SL 197—2013)、《国家三、四等水准测量规范》(GB/T 12898—2009)、《全国河道(湖泊)岸线利用管理规划技术细则》等。按照以上规定及标准,确定四线,即岸线、堤线、管理线和保护线等。

中共中央、国务院印发《生态文明体制改革总体方案》(中发〔2015〕25号)提出,开展水流和湿地产权确权试点。探索建立水权制度,开展水域、岸线等水生态空间确权试点,遵循水生态系统性、整体性原则,分清水资源所有权、使用权及使用量。在甘肃、宁夏等地开展湿地产权确权试点。

《水利部　国土资源部关于印发〈水流产权确权试点方案〉的通知》(水规计〔2016〕397号)明确了两项试点任务:一是水域、岸线等水生态空间确权。划定水域、岸线等水生态空间范围。县级以上地方人民政府组织水利、国土资源等部门依法划定河湖管理范围,以此为基础划定水域、岸线等水生态空间的范围,明确地理坐标,设立界桩、标识牌,并由县级以上地方人民政府负责向社会公布划界成果。二是水资源确权。试点地区以区域用水总量控制指标和江河水量分配方案等为依据,开展水资源使用权确权。在水资源使用权确权试点中,充分考虑水资源作为自然资源资产的特殊性和属性,研究水资源使用权、物权登记途径和方式。

4.2.6.2　河道采砂综合管控

河道采砂综合管控是河道临水控制线管控的重要工作内容。关于河道采砂管理,《中华人民共和国水法》第三十九条规定:国家实行河道采砂许可制度。河道采砂许可制度实施办法,由国务院规定。在河道管理范围内采砂,影响河势稳定或者危及堤防安全的,有关县级以上人民政府水行政主管部门应当划定禁采区和规定禁采期,并予以公告。《中华人民共和国河道管理条例》第二十五条也明文规定:河道管理范围内的采砂取土等活动,必须报经河道主管机关批准;涉及其他部门的,由河道主管机关会同有关部门批准。第四十条则规定:在河道管理范围内采砂、取土、淘金,必须按照经批准的范围和作业方式进行,并向河道主管机关缴纳管理费。收费的标准和计收办法由国务院水利行政主管部门

会同国务院财政主管部门制定。《河道采砂收费管理办法》第三条则规定:河道采砂必须服从河道整治规划。河道采砂实行许可证制度,按河道管理权限实行管理。河道采砂许可证由省级水利部门与同级财政部门统一印制,由所在河道主管部门或由其授权的河道管理单位负责发放。《河道采砂收费管理办法》第四条规定:采砂单位或个人必须提出河道采砂申请书、说明采砂范围和作业方式,报经所在河道主管部门审批,在领取河道采砂许可证后方可开采。从事淘金和营业性采砂取土的,在获准许可后,还应按当地工商、物价、税务部门的有关规定办理。《河道采砂收费管理办法》第五条规定:河道采砂必须缴纳河道采砂管理费。《河道采砂收费管理办法》第七条规定:河道采砂管理费用于河道与堤防工程维修、工程设施的更新改造及管理单位的管理费。结余资金可以连年结转,继续使用,其他任何部门不得截留或挪用。《河道采砂收费管理办法》第八条规定:河道主管单位要加强财务及收费管理,建立健全财务制度,收好、管好、用好河道采砂管理费。河道采砂管理费按预算外资金管理,专款专用,专户存储。各级财政、物价和水利部门要负责监督检查各项财务制度的执行情况和资金使用效果。《国土资源部关于加强河道采砂监督管理工作的通知》(国土资发〔2000〕322号)明确加强河道采砂监管。针对河道非法违法违规采砂、过度采砂严重影响河势稳定、防洪和航运安全的问题,为加强河道采砂管理,防范事故发生,维护社会稳定,保障汛期防洪和航运安全,水利部、交通部和国家安全监管总局于2007年6月25日联合发出了《关于加强河道采砂管理确保防洪和通航安全的紧急通知》(水明发〔2007〕10号),该通知要求,河道采砂事关防洪、通航安全,地方各级人民政府要根据《中华人民共和国安全生产法》《中华人民共和国防洪法》《中华人民共和国河道管理条例》《中华人民共和国航道管理条例》和《内河交通安全管理条例》等法律法规要求,加强对河道采砂管理的组织领导,落实相关行政首长负责制,切实采取有效措施,对河道采砂活动进行全面治理整顿,坚决打击非法违法违规采砂活动,严格控制采砂总量。水利部、交通部和国家安全监管总局组成联合检查组,对各地治理整顿及贯彻落实本通知情况进行督察。

最高人民法院、最高人民检察院《关于办理非法采矿、破坏性采矿刑事案件适用法律若干问题的解释》(法释〔2016〕25号)第四条规定,在河道管理范围内采砂,具有下列情形之一,符合刑法第三百四十三条第一款和本解释第二条、第三条规定的,以非法采矿罪定罪处罚:①依据相关规定应当办理河道采砂许可证,未取得河道采砂许可证的;②依据相关规定应当办理河道采砂许可证和采矿许可证,既未取得河道采砂许可证,又未取得采矿许可证的。

4.2.6.3　河湖围垦管理

河湖围垦管理,主要针对非法侵占河湖水域现象。

河湖水域,包括江、河、湖泊、水库、湖荡、塘坝、人工水道等在设计洪水位或历史最高洪水位下的水面范围及河口湿地(不包括海域)。河湖水域既是公共资源,又是公共环境,具有防洪、排涝、蓄水、供水、灌溉、生态、文化以及景观等多方面的功能,对经济社会的发展具有十分重要的作用。管理维护好河湖水域对兴水利、减水害及促进人水和谐,具有重要意义。

但是当前,侵占河湖水域的现象十分严重,对蓄水、防洪、航运等均产生不利影响。从成因上看,侵占河湖水域,既有客观方面的原因也有主观方面的原因,既有立法不完善方面的原因也有关键制度欠缺方面的原因。为了有效规范河湖水域侵占行为,不仅要完善河湖管理相关立法,还要确立水域占补平衡和水域公共侵占限制等关键制度,并完善相关配套措施。

4.2.6.4　河道及湖泊清障

由于种种历史原因,河道及湖泊管理范围内乱采、乱堆、乱建现象屡禁不止,造成非法占用河湖滩涂、破坏岸线景观、降低调蓄能力、阻碍行洪,降低河湖整体蓄洪行洪能力,进而危及河道行洪和河湖沿岸人民群众生命财产安全等严重后果。因此,需进行河道及湖泊清障工作,具体清除对象如下:

(1)依法清理河道滩地非法砂场,对规划砂场责成业主履行报批手续,并自觉清理好砂石尾堆,对未经批准的砂场,依法清除砂场及卸砂设施设备。

(2)依法清除河道管理范围内阻碍行洪的一切障碍物。对未经批准设置的阻水道路、房屋等违章建筑物、构筑物、预制构件、作业场和堆积的砂石料、采砂尾堆、堤防沙堆、废渣、垃圾及违章种植的高秆植物等阻水障碍物予以清除。

(3)依法清除湖泊管理范围内的非法建筑物及堆场。

河长制的确立,为河道清障工作指明了方向:河道清障工作应按照"属地管理"的原则,实行地方政府行政首长负责制。比如,对于县级河流而言,可以成立具体领导小组,由地方分管农业水利的副县长任组长,县公安局局长、县法院院长、县政府办分管副主任、县水利局局长、县交通运输局局长、县安监局局长、县国土资源局局长任副组长。下设河道专项整治行动工作组,在县水利局办公,并从水利局抽调3人,交通、安监、国土、公安、法院各抽调1人组成,负责河道清障的具体工作。

清障工作可分为4个阶段进行。

(1)调查摸底阶段。由河道清理工作人员对全县河道内阻碍行洪的建筑物、构筑物、采砂场、砂石尾堆、弃渣、垃圾情况进行全面调查摸底,并建立档案,为河道清障工作打下基础。

(2)宣传发动和自查自纠阶段。大力宣传《中华人民共和国水法》《中华人民共和国防洪法》《中华人民共和国河道管理条例》等有关政策法规,在调查摸底的基础上,按照"谁设障,谁清除"的原则,下达清障通知书,责令所有设障责任单位和个人在限期内自行清除影响河道行洪的障碍物。

(3)重点整治阶段。对在自查自纠阶段未清除的严重影响河道行洪的建筑物、构筑物、采砂场、砂石尾堆、弃渣、垃圾等,由当地政府组织水利、交通、安监、国土、公安、法院等部门联合检查组依法予以强行清除,并由设障者承担全部费用,无法找到设障单位或个人的,清障费用由财政负责安排。对拒不承担清障费用的单位或个人,申请相应级别人民法院强制执行,对阻挠执法的单位或个人,由公安机关依法严肃处理。

(4)验收和巩固阶段。对河道清障整治工作进行总结验收。对工作主动、成绩突出的单位和个人给予奖励和表彰。同时,建立全流域河道管理长效清障工作机制,加强日常管理工作,加大巡查力度,有关部门要密切配合,发现问题及时处理或报告,坚决制止违章设障的情况发生,避免河道新的乱采、乱堆、乱建现象发生。

4.2.7 强化城市河湖水域蓝线控制

为了加强对城市水系的保护与管理,保障城市供水、防洪防涝和通航安全,改善城市人居生态环境,提升城市功能,促进城市健康、协调和可持续发展,根据《中华人民共和国城乡规划法》《中华人民共和国水法》,中华人民共和国建设部令第145号颁布《城市蓝线管理办法》。

城市蓝线,是指城市规划确定的江、河、湖、库、渠和湿地等城市地表水体保护和控制的地域界线。

《城市蓝线管理办法》规定,在城市总规阶段,必须划定城市蓝线,且一经划定不得擅自调整。划定城市蓝线,应遵循以下原则:①统筹考虑城市水系的整体性、协调性、安全性和功能性,改善城市生态和人居环境,保障城市水系安全;②与同阶段城市规划的深度保持一致;③控制范围界定清晰;④符合法律、法规的规定和国家有关技术标准、规范的要求。

在城市蓝线内禁止进行下列活动:①违反城市蓝线保护和控制要求的建设活动;②擅自填埋、占用城市蓝线内水域;③影响水系安全的爆破、采石、取土;④擅自建设各类排污设施;⑤其他对城市水系保护构成破坏的活动。

4.2.8 强化保障措施

建立河湖岸线管理制度各级河长负责制,形成一级抓一级、层层抓落实的工作格局。

4.2.8.1 加强组织领导

由各级党政主要负责人担任河长,负责组织领导相应河湖的岸线管理工作,各地各有关单位要把河湖管理范围和水利工程管理与保护范围划定工作作为重点工作来抓。流域机构等有关直属单位、各省级水行政主管部门要明确分管负责人和牵头部门,落实责任分工,建立进展情况定期通报制度、重大问题协调制度、激励机制和考核机制。落实责任主体,建立工作机制,强化监督检查,严格考核问责,抓好督办落实。

4.2.8.2 提升管理能力

健全河湖管理机构,落实管理人员,加强职工教育培训,改进管理手段,强化作风建设,提升管理水平和依法行政能力。

4.2.8.3 落实管护经费

各地要合理核算管护经费,拓宽经费渠道,稳定经费来源,逐步提高地方水利建设基金、河道工程修建维护管理费等用于河湖水利工程维修养护的比例。

4.2.8.4 强化检查督导

各流域管理机构和各省级水行政主管部门要加强管辖范围内河湖管理工作的检查督导,按照"谁监管,谁负责"的原则,严格责任落实和责任追究。

4.2.8.5 注重舆论宣传

加强河湖管理保护重要意义和相关法律法规制度的宣传,加大对违法案件的曝光力度,充分发挥新闻媒体监督与社会监督的作用,形成河湖管理保护的良好氛围。

4.2.8.6　加强河湖岸线日常管理,形成长效机制

河湖岸线管理机构的日常管理,要将岸线检查作为一项重要工作,做好巡查制度的落实,建立每年一次的普查制度和重点河段不定期巡查制度,进一步增强水政执法队伍的快速反应能力。积极探索建立联络员制度,对岸线进行动态监控,预防违章建设项目的发生;不断完善和加强在建项目的日常监督管理工作,抓好项目施工许可、施工期检查、竣工验收,以及落实岸线利用规划等各个环节的工作。

4.3　水污染防治措施体系

水污染防治是一项系统工程,解决水污染问题需要系统思维,遵循预防优先、谁污染谁治理、强化环境管理的原则,以固定污染源防控治理为重点,从全局和战略的高度进行顶层设计和谋划,形成控源减排、水陆联防、协同治理的水污染防治综合措施体系。

4.3.1　以改善水环境质量为核心,统筹水污染排放总量削减和增加水资源可利用量

构建水质、水量、水生态统筹兼顾、多措并举、协调推进的格局。污染物排放总量作为分子,尽量做减法,以治水倒逼产业结构调整及转型升级,削减工业、城镇生活、农村农业水污染物排放总量。水量作为分母,尽量做加法,通过节约用水、洪水资源化、再生水循环利用、保障生态流量、水源涵养等措施加大水量。

4.3.2　系统控源,全面控制污染物排放

以取缔"十小"企业、整治"十大"行业、治理工业集聚区、防治城镇生活污染等为重点,全面推动深化减污工作,把好畜禽养殖污染防治三道关,通过划定禁养区等措施,提升规模化养殖比率,实现粪便污水资源化利用;加快农村环境综合整治、加强船舶港口污染控制。

4.3.3　实施工业污染源全面达标排放计划

按照环保部印发的《关于实施工业污染源全面达标排放计划的通知》要求,到2017年年底,钢铁、火电、水泥、煤炭、造纸、印染、污水处理厂、垃圾焚烧厂8个行业达标计划实施要取得明显成效,污染物排放标准体系和环境监管机制进一步完善,环境守法良好氛围基本形成。到2020年底,各类工业污染源持续保持达标排放,环境治理体系更加健全,环境守法成为常态。

4.3.4　全面实施排污许可证管理制度

按照国务院印发的《控制污染物排放许可制实施方案》要求,到2020年,完成覆盖所有固定污染源的排污许可证核发工作,全国排污许可证管理信息平台有效运转,各项环境管理制度精简合理、有机衔接,企事业单位环保主体责任得到落实,基本建立法规体系完备、技术体系科学、管理体系高效的排污许可制度,对固定污染源实施全过程管理和多污

染物协同控制,实现系统化、科学化、法制化、精细化、信息化的"一证式"管理。

4.3.5　重拳打击违法行为,加大执法力度

完善国家督察、省级巡查、地市检查监管体系。严格环境司法,健全行政执法与刑事司法衔接配合机制,强化环保、公安、监察等部门和单位协作,完善案件移动、受理、立案、通报等规定,建立有效保障环境权益的法治途径。

实行"红黄牌"管理,对超标和超总量的企业予以"黄牌"警示,一律限制生产或停产整治;对整治仍不能达到要求且情节严重的企业予以"红牌"处罚,一律停业、关闭。严惩环境违法行为,对违法排污零容忍。

对偷排偷放、非法排放有毒有害污染物、非法处置危险废物、不正常使用防治污染设施、伪造或篡改环境监测数据等恶意违法行为,依法严厉处罚;对违法排污及拒不改正的企业按日计罚,依法对相关人员予以行政拘留;对涉嫌犯罪的,一律迅速移送司法机关;对超标超总量排污的违法企业采取限制生产、停产整治和停业关闭等措施。

4.3.6　加快一河一策、一湖一策和水体达标方案的编制工作

按照中共中央办公厅、国务院办公厅印发的《关于全面推行河长制的意见》文件精神的要求,加快一河一策、一湖一策和水体达标方案的编制工作,尽快消除黑臭水体。

4.3.7　明确水体控制单元,实施网格化水污染防控监管

明确水体控制单元,将控制单元断面水质与排污区域挂钩,以控制单元为基础划分水污染防控监管网格。明确监管责任人,确定重点监管对象,划分监管等级,采取差别化监管措施。

4.3.8　加快环境监测体制改革,建立责任边界清晰的环境监测体系

全面完成国家监测站点及国控断面的上收工作,建成国家环境质量监测直管网;省内环境质量监测体系有效建立,同国控监测数据相互印证、互联互通;环境监测市场化改革迈向深入,第三方托管运营机制普遍实行,落实企业污染源监测的主体责任;出台《环境监测数据弄虚作假行为处理办法》及其配套的《技术判定细则》。水质监测方面,增加国控水质自动监测站点和国控断面,覆盖地级以上城市水域,进一步涵盖国家界河、主要一级支流和二级支流等1 400多条重要河流和92个重要湖库、重点饮用水水源地等,满足《水污染防治行动计划》考核和评价需要。

4.3.9　充分发挥市场机制在水污染防治中的作用

用好税收、价格、补偿、奖励等手段,充分发挥市场机制作用。一是健全税收政策,引导排污行为。二是理顺价格机制,保护好水资源、水环境。三是建立激励机制,树立行业标杆。支持开展清洁生产、节水治污等示范工作。四是实施生态补偿,解决跨界水污染问题。

4.3.10　创新模式,大力发展水污染防治环保产业

推动水污染防治产业由末端治理向源头控制、综合防治服务发展,带动相关工程设计、设备制造、设施建设和运营维护等产业发展,鼓励水环境监测、污染防控、环保设施运营等第三方治理服务,推进城镇污水处理设施和服务向农村延伸。促进再生水和海水利用产业发展。鼓励在水污染防治领域大力推广运用政府和社会资本合作(PPP)模式。

4.3.11　改革创新,构建水污染防治新机制

改革创新水环境保护制度体系,依法施策与市场驱动并举,政府、企业、社会公众多主体共治,推动形成"政府统领、企业施治、市场驱动、公众参与"的水污染防治新机制。

行政与经济手段并举,健全水污染防治约束和激励机制。按照"源头严防、过程严管、后果严惩"的原则,建立健全生态保护红线、污染物总量控制、排污许可、环境质量目标管理、考核和责任追究等重大制度,形成最严格水环境保护制度体系。

强化部门协调联动。强化水环境的统一监管,落实地方政府环境质量负责制,建立跨区域、跨流域的环境保护协调机制,统筹水环境保护规划、执法、监督等各相关工作。从政府一元管理走向政府、企业、社会公众多元共治。

4.4　水环境管理与保护措施体系

水环境治理是一项艰巨而复杂的系统工程,其治理与保护重点是解决水体污染严重、黑臭水体问题突出、畜禽养殖污染等,其核心是水环境质量改善与达标。要以水环境改善或达标为目标,建立以水环境质量为核心的考核与管理体系,开展水环境综合治理、精细化治理,精确落实防治目标与措施。水环境治理在技术体系上采取综合治理技术手段,恢复水体自净能力,在管理上建立科学的长效运行管护机制。

4.4.1　强化水环境质量目标管理

2016年6月,环境保护部出台的《水污染防治法》(修订草案)提出,建立兼顾流域和行政区划特点的水环境质量目标管理体系。水环境质量,是指水环境对人群和生物的生存与繁衍及社会经济发展的适宜程度,包括水质和水生态两方面。水环境质量目标,是指水污染防治规划中确定的水环境质量要达到的目标。水环境质量目标管理是指,以达到水环境质量目标为出发点,各级政府依据水环境保护法规、规定、标准、政策和规划,对水资源利用、水污染防治等过程进行监督管理,以是否达到(阶段性)目标作为判断和问责的主要依据,突出水环境质量目标刚性约束作用的管理模式。

2015年4月,国务院印发《国务院关于印发水污染防治行动计划的通知》(以下简称《通知》),发布实施《水污染防治行动计划》,明确了我国河湖水环境质量所要达到的工作目标,即到2020年,全国水环境质量得到阶段性改善,污染严重水体较大幅度减少,饮用水安全保障水平持续提升,地下水超采得到严格控制,地下水污染加剧趋势得到初步遏制,近岸海域环境质量稳中趋好,京津冀、长三角、珠三角等区域水生态环境状况有所好

转;到2030年,力争全国水环境质量总体改善,水生态系统功能初步恢复。到21世纪中叶,生态环境质量全面改善,生态系统实现良性循环。

强化水环境质量目标管理,需要着力做好以下工作:

(1)强化水环境质量目标管理,要按照河湖水环境功能区确定各类水体的水质保护目标。国家实行水生态环境功能分区管理。国务院环境保护主管部门会同水行政主管部门划定全国流域、生态功能控制区、水环境控制单元三级水生态环境功能区,确定水生态环境保护目标,报国务院批准实施。省、自治区和直辖市环境保护主管部门会同水行政主管部门,基于河湖水生态环境功能区,细化本行政区域内水生态环境功能区,确定水生态环境保护目标,报地方人民政府批准实施。河湖水环境功能区划应当与主体功能区规划、生态功能区划、水功能区划等相衔接。

我国一些省市虽然也在做自己的功能区划,但是只是地方标准。现行国家标准中有一个问题就是缺乏相应的水质标准,这导致在做功能分区时没有相应的标准来评价水体功能是否达到了功能区的要求。用总量控制或者其他方式来做,目前地表水分类的标准是可以用的。但是如果将来按照水环境质量目标管理,就很可能出现问题。因为将同样的一个功能划分到不同的类别,而且这个功能划分之后评价指标跟不上,就没有办法把评价指标与功能一对一地关联起来。建议在做水质目标管理时,将饮用水源区列为第一个保护目标,制定以人体健康保护为核心的水源水质标准,与饮用水卫生标准接轨。第二个目标是保护水生生物,制定保护水生生物的水质标准,与渔业用水标准接轨。第三个目标设定为景观娱乐,制定修订景观娱乐水质标准。第四个目标是工业用水区,制定修订行业用水、再生水工业利用标准。第五个目标是农业用水区,制定修订灌溉用水标准和再生水灌溉水质标准。

(2)强化水环境质量目标管理,要确定水环境保护质量标准或目标。以水生态环境功能和水环境质量基准为基本依据,国务院环境保护主管部门制定国家水环境质量标准。省、自治区、直辖市人民政府对国家水环境质量标准中未做规定的项目,可以制定地方水环境质量标准;对国家水环境质量标准中已做规定的项目,可以制定严于国家水环境质量标准的地方水环境质量标准。地方水环境质量标准应当报国务院环境保护主管部门备案。已有地方水环境质量标准的,应当执行地方水环境质量标准。省、自治区、直辖市人民政府对国家水环境质量标准中未做规定的项目,可以制定地方水环境质量标准;对国家水环境质量标准中已做规定的项目,可以制定严于国家水环境质量标准的地方水环境质量标准。地方水环境质量标准应当报国务院环境保护主管部门备案。已有地方水环境质量标准的,应当执行地方水环境质量标准。对河湖水环境污染物排放标准,由国务院环境保护主管部门制定国家水污染物排放标准,省、自治区、直辖市人民政府制定地方水污染物排放标准;对国家水污染物排放标准中已做规定的项目,可以制定严于国家水污染物排放标准的地方水污染物排放标准。地方水污染物排放标准须报国务院环境保护主管部门备案;向已有地方水污染物排放标准的水体排放污染物的,应当执行地方水污染物排放标准。

水质目标管理与总量管理有一定的联系,但也存在一定的区别。首先是原理不同。总量控制希望通过降低点源排放达到水质改善的目的。而水质目标的管理是根据设定的水体功能来达到相应的水环境质量标准。其次,对象不一样。总量控制主要针对点源,但是对水质目标管理来讲,就不仅仅是点源的问题,很大一部分是面源和城市雨污的问题。还有就是污染物种类不一样。总量控制针对污染源,而污染源对水体功能产生的影响并不十分明确。这种情况下如果从水质目标管理看,就存在两方面问题:一方面,水质标准有没有达到;另一方面,水质标准达到了但是功能是否达到。这两个方面都是水质目标管理的问题。目前,我国总量控制相对成熟,而水质目标管理相对不成熟。鉴于"质量改善"和"总量控制目标"之间存在的矛盾,新形势下的水环境质量目标管理体系,应以水环境质量改善为核心,以民生需求导向为着眼点,"好水"和"坏水"并重,大江大河和小沟小汊并重,综合考虑水质、水量、水生态问题,建立以控制单元为基础的水环境质量目标管理单元,实现"分区、分级、分类、分期"管理策略。

(3)强化水环境质量目标管理,要建立健全水环境生态保护补偿机制。国家通过财政转移支付等方式,建立健全对位于饮用水水源保护区区域和江河、湖泊、水库上游地区的水环境生态保护补偿制度。鼓励地方人民政府采取横向资金补助、对口援助等方式,建立跨行政区域水环境生态保护补偿机制。

(4)强化水环境质量目标管理,要持续推进重点河湖生态流量目标确定与管理。流域管理机构完成新一批跨省重点河湖生态流量保障目标制订。各有关省级水行政主管部门确定一批省内重点河湖生态流量保障目标。各流域管理机构和省级水行政主管部门要抓好已确定重点河湖生态流量目标的实施,逐河建立监测预警机制和管控责任制,开展重点河湖生态流量保障评估。

(5)强化水环境质量目标管理,还要大力推行水环境保护目标责任制和考核评价制度。县级以上人民政府应当将水环境质量目标、水污染防治重点任务完成情况纳入对本级人民政府负有环境保护监督管理职责的有关部门及其负责人和下级人民政府及其负责人的考核内容,作为对其考核评价的重要依据。考核结果应当向社会公开。

4.4.2 饮用水水源地管理与保护保障措施

4.4.2.1 制定相关政策,完善水源地保护保障机制

在技术层面,做好国家级重要饮用水水源地冠名和统一标识工作;在行政层面,水利部和生态环境部出台相关政策,构建水源地达标建设机制。提出编制饮用水水源地达标建设工作实施方案的统一的具体要求,明确审查批准程序。对列入实施方案的达标建设工程项目要明确立项、论证、审批程序和投资渠道,使各项工程能够有效实施。在监督层面,完善考评机制和激励机制,实施以奖代补政策,支持引导各地开展达标建设工作。

4.4.2.2 健全水源地达标建设的投入机制,建立多元化的资金筹措渠道

建立固定的资金投入机制是确保饮用水水源地安全达标建设工作扎实开展的前提条件和基本保障。可建议国家出台相关政策,设立水源地达标建设专项资金。通过水资源保护规划等途径争取资金支持,开辟达标建设资金投入渠道。应明确要求各地政府将水源地保护项目纳入财政预算,每年由财政拿出一定比例的资金专门用于水源地保护与管理工作,切实增强水资源保护能力。同时,设立专门生态补偿基金,实施饮用水水源地生态补偿机制。开展重要饮用水水源地生态补偿试点工作,通过生态补偿,解决水源地保护

投入不足和资金筹措难的问题。

4.4.2.3　开展示范点工作,逐步推进全国重要饮用水水源地安全达标建设

可选择不同类型的水源地,水利部和生态环境部给予一定的资金支持,开展达标建设试点工作,探索和总结水源地安全达标建设的工作经验,为全面开展水源地安全达标建设工作提供借鉴。通过试点探索和总结经验,提出达标建设工作的指导意见和技术方法体系,以点带面,逐步推进,使饮用水水源地达标建设工作规范化、制度化、法规化。同时,选择工作基础好、取得较好成效的水源地进行达标建设示范工程,给予政策和资金的倾斜,使其尽快达到要求,充分发挥引领和示范效应。

4.4.2.4　加强监控能力和信息化建设,提升重要水源地监控和预警能力

(1)构建现代化监测体系,提升监控能力

针对饮用水水源地监测能力薄弱的现状,构建不同级别的水质监测体系;通过完善设备、加强技术人员培训等措施,提升地方有毒有机物监测能力,形成“常规监测与自动监测相结合、定点监测与机动巡测相结合、定时监测与实时监测相结合”的监控系统,提升饮用水水源地监控能力。

(2)加强预警能力建设,提升应急手段

建立实时、快速、准确、自动的水质监测系统,对水源地水质进行在线监测,实现数据的网络传输,随时掌握饮用水水质现状及水质变化情况,有利于保障供水安全。一旦突发水污染事件,通过监测能够及时掌握水质变化及污染扩散趋势,为决策提供技术支撑。逐步研究采用自动监测、遥感监测等技术,提高对突发恶性水质污染事件的预警预报及快速反应能力,以适应水资源保护、监督管理现代化的要求。

(3)加强信息平台建设,提高水源地信息化水平

建立饮用水水源地监管信息系统,实现对饮用水水源地安全状况进行全面监管。通过对各类饮用水水源地管理功能的实现,为各级饮用水水源环境保护管理部门的工作人员提供及时准确的信息和数据。

4.4.2.5　加强备用水源建设,提高水源地应对突发事件的保障水平

针对水源单一问题,为规避突发水污染事件的供水风险,以及考虑到许多水源地水量在枯水季节和干旱年份不能够满足用水需要,一旦发生重大水污染事件或者出现特枯年份,没有备用水源作应急之用,存在饮用水安全隐患,备用水源建设亟待加强。一是启动全国重要饮用水水源地备用水源建设规划,解决备用水源建设立项渠道;二是加强全国重要饮用水水源地备用水源建设技术指导,做好可行性论证和项目申报指导工作。

4.4.3　城市水环境管理与保护保障措施

4.4.3.1　建立健全统一协调的流域管理体制

我国流域管理机构还没有真正发挥统一管理和协调作用,使流域水资源开发利用和保护出现了以下主要问题:水资源开发利用难以统一调度,上游地区在枯水期用水过度,造成下游地区无水可济,甚至江河断流;流域水污染防治和生态环境保护难以统一协调,上游地区往往超量排放污水,导致下游地区水质恶化;对流域开发利用水资源缺乏有力监督,各有关利益方未共同承担起保护水环境的责任。应加强流域综合管理,建立权威、高

效、协调的水资源管理体制,全面实行流域水资源统一规划、统一调配、统一管理,使有限的水资源得到高效合理利用。应督促地方政府完成规划确定的水环境保护目标任务,对跨省界水体断面未达到水污染防治规划确定的水环境保护质量目标要求,并造成下游水污染损失的,上游省级政府应当对下游的直接经济损失给予补偿。对下游地区因特殊的水环境质量要求,需要上游地区限制开发建设或者采取专门的生态保护措施的,下游地区应当对上游地区给予适当补偿。

4.4.3.2　实行联防联控和部门联动

从各地的实践来看,保护河湖必须全面落实《水污染防治行动计划》,实行水陆统筹,强化联防联控。要加强源头控制,深入排查入河湖污染源,统筹治理工矿企业污染、城镇生活污染、畜禽养殖污染、水产养殖污染、农业面源污染、船舶港口污染。

城市河湖管理保护涉及水利、环保等多个部门,应改善各部门分割的水环境管理模式。各部门要在河长的组织领导下,各司其职、各负其责,密切配合、协调联动,依法履行河湖管理保护的相关职责,制订各自的落实方案和计划,如果无法达到相关要求,牵头部门负主要责任,参与部门也负相应责任。水利部门根据河湖健康的水质要求,明确不同河段允许纳污量;环保部门根据水体纳污量控制要求提出分区污染物总量削减方案;产业部门根据污染物总量削减方案,优化产业布局和结构,控源减排。实现部门联动的同时,确保权责明晰,有利于各部门按照职责分工,切实做好相关工作。

4.4.3.3　强化水环境管理追责机制

各级地方人民政府是实施责任的主体。国务院与各省(自治区、直辖市)人民政府签订水污染防治目标责任书,分解落实目标任务,切实落实"一岗双责",每年考核结果向社会公布,并作为对领导班子和领导干部综合考评的重要依据。对于未通过年度考核的,要通过约谈、限批、依法追究等方式进行惩罚;对于不顾生态环境盲目决策,导致水环境质量恶化、造成严重后果的领导干部,要进行组织处理或党纪政纪处分,已经离任的也要终身追究责任。

4.4.3.4　水环境治理全系统生态耦合

水环境治理全系统生态耦合需将治理设施和全系统生态通道耦合,主要环境介质与污染负荷削减耦合,水质、水量与水生态耦合,水质量目标与治理、管理、运行体系耦合,水体水质改善与生态系统健康耦合,水环境修复与水生态系统完整性耦合,以达到城市水环境生态系统的安全性。

4.4.3.5　环保市场多元化

水环境治理的经济手段包括发展环保产业、环保市场,健全价格、税收、税费政策,推动模式机制创新,同时也能对转变经济发展方式、调整经济结构以及推动经济新的增长点发挥作用。环保产业的市场不仅包括环境污染治理,还鼓励发展系统设计、设备成套、调试运行、维护管理的环保服务总承包模式、政府和社会资本合作模式。通过政府和社会资本合作(PPP)等模式方法和策略,为环保市场拓宽了思路,形成了环保市场的多元化。

4.4.3.6　强化公众参与和社会监督

通过搭建公众参与平台,强化社会监督,构建全民行动格局,形成"政府统领、企业施治、市场驱动、公众参与"的水污染防治新机制。地方政府对当地水环境质量负总责,要制定水污染防治专项工作方案,各有关部门按照职责分工,切实做好水污染防治相关工作,并分流域、分区域、分海域逐年考核计划实施情况,督促各方履责到位;排污单位要自觉治污、严格守法;公众对环境质量享有知情权、参与权、监督权和表达权,要积极搭建公众参与平台、健全举报制度,以信息公开推动社会监督,激发全社会参与、监督环保的活力。

4.4.3.7　一河(湖)一策

在河湖管理创新方面,核心是维护江河湖泊资源功能和生态功能,重点是完善河湖管护标准体系和监督考核机制,实行河湖分级管理制度,推行河长制管理模式,建立建设项目占用水利设施和水域补偿制度。党的十八大以来,中央提出了一系列生态文明建设特别是制度建设的新概念、新思路、新举措。《关于全面推进河长制的意见》体现了鲜明的问题导向,贯穿了绿色发展理念,明确了地方主体责任和河湖管理保护各项任务,具有坚实的实践基础,是水治理体制的重要创新,对于维护河湖健康生命、加强生态文明建设、实现经济社会可持续发展具有重要意义。

要统筹推进“五位一体”总体布局和协调推进“四个全面”战略布局,牢固树立新发展理念;要坚持“节水优先、空间均衡、系统治理、两手发力”治水思路,以保护水资源、防治水污染、改善水环境、修复水生态为主要任务;要全面推进河长制,构建责任明确、协调有序、监督严格、保护有力的河湖管理保护机制,为维护河湖健康生命、实现河湖功能永续利用提供制度保障。各地要按照《关于全面推行河长制的意见》要求,抓紧编制符合实际的实施方案,健全完善配套政策措施。各省(自治区、直辖市)党委或政府主要负责同志要亲自担任总河长,省、市、县、乡要分级分段设立河长。各级河长要坚持守土有责、守土尽责,履行好组织领导职责,协调解决河湖管理保护重大问题。

4.4.3.8　改善和提高城市河湖水动力条件

大力推进河湖调水引流、清淤疏浚、涵闸修建及改造、生态护坡护岸、水生态系统保护与修复等河湖连通工程,改善和提高河湖水动力条件,增强水资源水环境承载能力,提高水体自净和水量交换能力,保护河湖水域生态环境,促进河湖生态系统功能改善。

4.4.3.9　加强执法监督

建立健全水环境管理方面的政策法规体系,细化制度措施要求。建立河湖日常监督巡查制度,实行河湖动态监管。落实河湖管理保护执法监督责任主体、人员、设备和经费。严厉打击涉河湖违法行为,坚决清理整治非法排污、设障、捕捞、养殖、采砂、采矿、围垦、侵占水域岸线等活动。

4.4.4　农村城市水环境管理与保护保障措施

4.4.4.1　完善农村水环境保护法律体系

农村水污染的防治,首先应当从立法指导思想上进行转变,改变现行立法只关注城市和大中企业水污染控制的状况,建立起城乡统筹发展的水污染防治法律机制。针对现行水污染防治法律体系在农村水污染防治问题上存在大量立法空白的现状,应当在现行水污染防治法律体系的基础上,从农村水污染防治的监管体制、水污染防治主体的权利义务以及法律责任等方面完善并补充农村水污染防治的相关规定。

4.4.4.2 环境保护供给侧改革

针对眼下农村污水处理资金投入不足、覆盖率低下、污染物排放逐年增加这一困局，政府应通过在税费政策方面给予优惠来帮助环境保护企业开拓农村水务市场，一方面能缓解环境保护企业长期存在的投资回报周期长、回报不足的问题；另一方面能极大地吸引民间资本、减轻政府在农村污染治理方面投入资金的压力，有效解决农村污水处理资金短缺的难题。

4.4.4.3 严防城市污染迁移

工业和城市污染正逐渐向农村转移排放，这为农村环境拉响了警报。控制农村污染迁移的对策如下：①优化农村工业布局，合理设立工业园区，对污染源进行集中控制，新、改、扩建项目必须通过环境影响评价审批和竣工环境保护验收方能投产；②对农村现有污染源进行全面调查，淘汰落后产能、工艺，整改、关停污染企业；③加强对当地干部、群众的环保宣传、教育，培养环境保护和维权意识。

4.4.4.4 发展节水型农业

农业是我国的用水大户，其年用水量约占全国用水量的80%。节约灌溉用水，发展节水型农业不仅可以减少农业用水量，减少水资源的使用，同时还可以减少化肥和农药随排灌水的流失，从而减少其对水环境的污染。

4.4.4.5 发展循环经济

加快发展循环经济，努力探索一条充分利用废弃物、节约资源、保护环境、推动经济社会又好又快发展的可持续发展之路，从侧面改善农村水环境。

4.4.4.6 加强农业面源污染控制

在新农村建设时，应从战略高度部署好农业面源污染防控规划工作，积极建立有利于农业面源污染防控的服务市场机制。针对农业面源污染的复杂性、广泛性和难以治理的特点，建立协调和综合治理机制，实行从源头到排污口的全过程监控和治理，另外还应将农业补贴政策与农村环境改善和农业面源污染防控结合起来。通过培育更多与农业面源污染防控相关的农业环保服务公司和农业环保职员，逐步将农村环境改善与农业面源污染防控转变为一项有利可图的农业服务产业，为农村经济发展提供新的增长点和就业门路，促进农村就业和生态农业科技推广，以形成良好的循环农业生产和污染防控链。

4.5 山水林田湖草系统治理的措施体系

山水林田湖草生态修复是从整体性、系统性角度贯彻绿色发展理念，破解生态环境系统治理难题的有力举措。山水林田湖草包括森林、草原、湿地、河流、湖泊、滩涂、荒漠等各要素，是一个多要素、复合生态系统，各自然要素之间通过物质运动及能量转移，形成互为依存、互相作用的复杂关系，使之有机地构成一个生命共同体。

山水林田湖草作为一个生命共同体，客观上要求由一个行政主体负责领土范围内所有国土空间用途管理职责，对山水林田湖草进行统一保护、统一修复，正是河长制推行的初衷。推进山水林田湖草系统治理，是现阶段我国生态环境保护领域的重要内容，也是河长制推行的应有之义。

4.5.1　山水林田湖草系统治理理论基础

4.5.1.1　复合生态系统理论

山水林田湖草,是一个区域的复合的生态系统和一个生命共同体。"人的命脉在田,田的命脉在水,水的命脉在山,山的命脉在土,土的命脉在树。"山水林田湖草对某一要素的破坏常常引起其他要素的连锁式不良反应。区域生态系统的整体性、系统性及其内在规律要求统筹考虑自然生态系统的各要素、山上山下、地上地下、陆地海洋以及流域上下游,进行整体保护、系统修复、综合治理,增强生态系统循环能力,维护生态平衡和区域生态安全。

4.5.1.2　生态系统服务及其权衡协同理论

生态系统服务是人类从生态系统中所获得的各种惠益,是联系生态系统过程与社会福祉的重要纽带,对于生态系统管理具有较好的应用前景。生态系统服务之间存在着此消彼长的权衡或彼此增益的协同关系。权衡关系是指一种生态系统服务增加造成另一种生态系统服务减少的情形,也称为冲突关系或竞争关系;协同关系是指两种生态系统服务同时增加或同时减少的情形。科学家在不同区域开展生态系统服务权衡研究,发现生态系统服务权衡关系是十分复杂的。因此,生态保护修复需要在明晰生态系统服务之间权衡系统关系的基础上,确定生态系统保护修复的目标和工程。

4.5.1.3　人与自然共生共赢理论

人类社会和自然环境构成了一个复杂的社会-经济-自然复合生态系统。为了保障区域生态安全,需要把人和人类活动看作生态系统的一个有机组分,综合考虑区域生态环境问题的生态、经济和社会机制,提出切实的解决对策,实现人与自然的和谐共生。生态保护与修复工程需要兼顾生态、经济、社会效益,要按照人口资源环境相均衡、经济社会生态效益相统一的原则,控制开发强度,调整空间结构,保护好绿水青山,给自然留下更多修复空间,给农业留下更多良田,给子孙后代留下天蓝、地绿、水净的美好家园。

4.5.2　山水林田湖草系统治理统筹的重点内容

山水林田湖草系统治理要充分集成整合资金政策,对山上山下、地上地下、陆地海洋及流域上下游进行整体保护、系统修复、综合治理,真正改变治山、治水、护田各自为政的工作格局。山水林田湖草生态保护修复一般应统筹包括以下重点内容。

4.5.2.1　实施矿山环境治理恢复

我国部分地区历史遗留的矿山环境问题没有得到有效治理,造成地质环境破坏和对大气、水体、土壤的污染,特别是在部分重要的生态功能区仍存在矿山开采活动,对生态系统造成较大威胁。要积极推进矿山环境治理恢复,突出重要生态区以及居民生活区废弃矿山治理的重点,抓紧修复交通沿线敏感矿山山体,对植被破坏严重、岩坑裸露的矿山加大复绿力度。

4.5.2.2　推进土地整治与污染修复

围绕优化格局、提升功能,在重要生态区域内开展沟坡丘壑综合整治,平整破损土地,实施土地沙化和盐碱化治理、耕地坡改梯、历史遗留工矿废弃地复垦利用等工程。对于污染土地,要综合运用源头控制、隔离缓冲、土壤改良等措施,防控土壤污染风险。

4.5.2.3 开展生物多样性保护

要加快对珍稀濒危动植物栖息地区域的生态保护和修复,并对已经破坏的跨区域生态廊道进行恢复,确保连通性和完整性,构建生物多样性保护网络,带动生态空间整体修复,促进生态系统功能提升。

4.5.2.4 推动流域水环境保护治理

要选择重要的江河源头区及天然水源涵养区开展生态保护和修复,以重点流域为单元开展系统整治,采取工程措施与生物措施相结合、人工治理与自然修复相结合的方式进行流域水环境综合治理,推进生态功能重要的江河湖泊水体休养生息。

4.5.2.5 全方位系统综合治理修复

在生态系统类型比较丰富的地区,将湿地、草场、林地等统筹纳入重大工程,对集中连片、破碎化严重、功能退化的生态系统进行修复和综合整治,通过土地整治、植被恢复、河湖水系连通、岸线环境整治、野生动物栖息地恢复等手段,逐步恢复生态系统功能。

4.5.3 生态清洁型小流域建设

4.5.3.1 生态清洁型小流域概念

生态清洁型小流域建设是在新的形势下,面对水资源水环境问题,结合水土流失的特点,以小流域为单元,按照山水林田湖系统治理思想,结合流域地形地貌特点、土地利用方式和水土流失特性等,将小流域划分为"生态修复、生态治理、生态保护"三道防线,以"三道防线"为主线,紧紧围绕水少、水脏两大主题,坚持山水田林路统一规划,工程措施、生物措施、农业技术措施有机结合,治理与开发结合,拦蓄灌排节综合治理的新理念,达到控制侵蚀、净化水质、美化环境的目的。

4.5.3.2 小流域治理目标及原则

从流域出发,贯彻小流域山水林田河系统综合治理原则,重点解决流域内存在的洪涝灾害、地质灾害、水土流失、人居环境恶化等问题。

(1)治理目标。安全是小流域综合治理的第一要务,就是要保障人居安全和财产安全;生态是小流域综合治理的主要特征,水土流失得到治理,生态环境向良性方向发展;发展是小流域综合治理的基本要求,就是区域社会经济得到发展,人民群众生活水平大幅提高;和谐是小流域综合治理的根本目标,就是小流域内要达到人水和谐、人与自然和谐。

(2)治理原则。小流域综合治理遵循以下原则:以人为本,人与自然和谐相处;工程措施与非工程措施相结合;控制洪水与给洪水出路相结合;灾害治理与生态环境、人居环境改善相结合;人工治理和自然修复相结合。

4.5.3.3 小流域治理主要措施

生态清洁型流域须明确部门职责:洪水灾害防治和水土流失治理由水利部门负责,地质灾害防治由国土部门负责,生态公益林建设由林业部门负责,公路交通建设由交通部门负责,学校的整合重建由教育部门负责,供电、通信设施的恢复和管理由供电和通信部门负责,农村经济结构的调整及经济发展规划由农业和民政部门负责。

1.防洪工程

扩大河道行洪能力,以清淤疏浚为主,以护坡护岸和堤防修建为辅。乡镇人口集中居住区防洪标准为 20 年一遇;集中连片基本农田面积超过 33.3 hm² 的,其防洪标准为 10 年一遇;其他设施和零星居民点以防冲保护为主,不设防洪标准。河道清淤疏浚后能满足设计过流能力的,不修堤防。过流能力不能满足要求时,在乡镇所在地人口居住密集区考虑修建堤防;两岸为零散农田时,适当护坡护岸,维持原生态。

倡导"保持河流的天然属性、维持河流的天然状态",不影响河道行洪排涝的河滩地以及两岸植被将尽量保留。避免随意裁弯取直、缩小河道断面,严禁河道渠化,减少河岸硬化。常水位以上宜采用框格草皮、生态袋等生态型护坡形式。尽量选择生态堤型,在条件允许的情况下优先选择建土堤;有条件的堤防鼓励设置亲水平台。

2.水土流失防治工程

实行分区防治。根据项目区地形地势、水土流失类型与强度、人类活动情况,以及主要防治对策等,将小流域划分为生态保护区、治理开发区和重点整治区。地形坡度大于25° 或国家和各级地方政府划定的各类保护区及现状天然林分布区列为生态保护区;地形坡度小于25° 至坡脚地带,除天然林分布区外,适宜农林业开发利用但存在自然和人为水土流失的区域列为治理开发区;沟道下游和河道两侧至山脚的平缓地带,是小流域农业生产及人居的主要区域,应列为重点整治区,并加强防洪安全设计、人居环境整治和监督管理工作。治理目标要求土壤侵蚀强度降低到轻度以下,林、草面积达到宜林宜草面积的80%以上,水土流失治理程度达到90%,基本遏制生态环境恶化趋势。微度、轻度侵蚀区域进行封育治理;中度侵蚀区域,以生物措施为主,以工程措施为辅;强烈、极强烈和剧烈侵蚀区域,以工程措施为主,以生物措施为辅。

3.人居环境整治

人居环境整治包括房前屋后的绿化美化、简易污水处理设施建设及固体垃圾的收集与处理等。生态型清洁小流域水土保持综合治理措施,采取"防治并重,治管结合,因地制宜,工程措施、林草措施、耕作措施"相结合的方法,统一规划,综合治理,因害设防,合理布局。

4.5.4　推进山水林田湖系统治理措施

4.5.4.1　从区域整体保护、系统修复角度部署生态保护与修复工程体系

山水林田湖是一个生命共同体,要有机整合生态各要素,进行整体保护、系统修复、综合治理,维护区域生态安全。首先,生态保护修复需要将"条"的模式转变到符合"生命共同体"要求的"块"的治理模式。按照生态系统本身的自然属性,把区域、流域作为保护和修复的有机整体,把各种生态问题及其关联和因果关系都体现出来,打破行政界限,实现整体设计、分项治理。其次,按照山水林田湖草生态各要素分别明确各个治理方向的工程重点和技术难点,从产生问题的原因着手,治本治源设计工程,从源头进行保护修复。同时要体现系统性治理、整合各要素的思想,编制山水林田湖草系统治理规划,全面布置生态保护与修复工程体系及整体解决方案。

4.5.4.2　从区域主导生态功能和保护重点加快实施重大生态修复工程

全面梳理区域生态系统存在的主要问题、面临的突出矛盾与主要的生态功能定位,明确区域生态保护成效与生态功能定位间存在的差距,对生态系统格局、质量、问题开展调查与评估;依据区域突出生态环境问题与主要生态功能定位,确定生态保护与修复工程部署区域。采用地理信息系统分析技术,结合重点区域识别、流域分布特点,针对矿山环境治理恢复、生物多样性保护等重点内容,提出分区、分类的生态保护修复工程布局;按照"聚焦核心区域、聚焦核心问题,理清核心问题,进一步增强区域主要生态功能"的原则策划实施重大生态修复工程,形成生态保护修复关键技术。

4.5.4.3　从创新山水林田湖草生态保护修复技术模式开展工程试点示范

山水林田湖草将各类生态要素都纳入进来,创新体制机制,打破"各自为政"的工作模式。在原有技术和治理模式上需要改进和创新,要强化对先进生态保护修复技术的探索和应用。在总结以往的生态修复工作基础上取得一定的成效,并发挥着重要作用,但是有些新问题和难点问题需要技术上的创新,加大力度组织开展科技攻关和工程试点示范。

4.5.4.4　从资金筹措和管理方式两个方面建立长效体制机制

生态保护与修复是一项长期而复杂的系统工程,需要国家和地方各级政府不断加强管理,建立长效机制,保障工程实施。一方面,鼓励探索全社会资金筹措机制。要借鉴现有的成熟融资模式,如BOT、BLT、PPP等,并不断创新支持方式和利益分配机制,以吸引更多的社会资本参与到工程建设当中;同时,要统筹整合原有的财政资金来源渠道,如矿山整治、退耕还林、水污染防治等,立足现有资金渠道,加大财政资金统筹力度,形成资金合力。此外,建立健全监管制度,强化监督检查,确保资金使用效益。另一方面,强化管理体制机制创新。在组织管理上,重点打破部门分割现状,加强部门联动,形成管理合力,建立山水林田湖草生态保护修复相关管理部门的协调机制和统一监管机制,落实生态保护与修复责任主体。还要重视自然资源开发与环境治理机制的构建,重点是建立"源头预防、过程控制、损害赔偿和责任追究"一体化机制及自然资源开发的全生命周期管控机制。

第5章　河湖长制考核与绩效评价

5.1　考核的必要性

2016年12月,中共中央办公厅、国务院办公厅印发《关于全面推行河长制的意见》,要求强化和严格考核问责,县级及以上河长和湖长负责组织对相应河湖下一级河长和湖长进行考核,考核结果作为地方党政领导干部综合考核评价的重要依据,实行生态环境损害责任终身追究制,对造成生态环境损害的,严格按照有关规定追究责任。各省的省委、省政府均出台全面推行河长制工作方案和关于在全省湖泊实施湖长制的意见,明确提出了建立河长制湖长制考核体系和奖励问责机制,结合不同河湖管理保护要求,实行差异化绩效评价考核。河湖治理非一日之功,河长制湖长制能否实现河湖的长治,完善其考核机制是关键。建立科学的考核机制是河长制工作落到实处、取得实效的重要保障。

从理论上讲,建立和完善河长制湖长制考核评价体系,是全面深入贯彻落实我国新时期社会发展总体规划,提高地方政府工作效能的总体要求。各级地方政府承担着在全面建成小康社会期间管理好地方经济社会发展的重要职责,是促进本地区经济发展、实现社会全面进步的重要支撑。各级地方政府必然要按照"生态和谐、人水和谐"的科学发展目标要求改进政府的绩效,创造经得起历史的检验,得到群众支持的政绩。

从现实上讲,建立和完善河长制湖长制考核评价体系,是提高对各级政府领导成员的监督管理能力,是打造高质量的公务员队伍的有力措施。评价过程全透明,政务信息能够及时公开是政府绩效评价的一大特点。使人民群众能够及时了解并积极参与到政府的考核当中,把地方政府在生态保护工作中的具体措施及时进行公告,有利于社会公众的合理监督。当前,一些地方政府的管理者仍沿用过去的老路子,对待干部过于宽容和同情,造成如今目标管理不严格、批评指正看脸气、人事调整看人情关系、组织处理不够有力等薄弱环节。要想真正加强对各级政府领导成员的教育、管理和监督,必须建立一套完善的政府绩效考评制度,以此来提升政府的社会信誉,调动公务人员的工作积极性和创造性,通过优胜劣汰的机制,不断提高执政能力和领导科学发展的水平,促进地方政府工作运行制度的创新。

5.2　考核评估机制路径

5.2.1　准确把握考核原则

河长制考核机制是一个有机统一的整体,考核指标设定科学合理,考核评估才有价值,才能发挥其对河湖治理的激励约束作用;指标定位不准,考核就会面临失衡问题,可能致使河长制考核不但不能起到积极的推动作用,反而成为影响各级党政干部推进地区水治理积极性和主动性的制约因素。为此,要准确把握河长制湖长制的考核原则。为保障考核的科学性,河长制湖长制考核把握以下几项原则。

5.2.1.1　全局性和导向性原则

在我国推行河长制湖长制进入"深水区"的新阶段,生态环境治理的体制改革、机制创新都有可能牵一发而动全身。河长制湖长制作为一种稳定性、预期性的治理方式,只有在遵循顶层设计的基础上才可能避免其推行过程中"部门、地方利益中心主义"的体制性障碍。在考核时,应紧紧围绕加强水资源保护问题,重点考核各地全面落实最严格水资源管理制度,坚持节水优先,严格水功能区管理监督情况。紧紧围绕加强河湖水域岸线管理保护,重点考核严格水域岸线等水生态空间管控,落实规划岸线分区管理要求,河湖管理范围内水事活动管理情况。紧紧围绕加强水污染防治,重点考核完善入河湖排污管控机制,优化入河湖排污口布局,编制入河湖排污口布设与整治方案情况。紧紧围绕加强水环境治理,重点考核强化水环境质量目标管理,切实保障饮用水水源安全,加强河湖水环境综合整治情况。紧紧围绕加强水生态修复,重点考核推进河湖生态修复和保护,开展河湖健康评估,加大重点地区保护力度,强化山水林田湖草系统治理情况。紧紧围绕加强执法监管,重点考核建立健全河湖管理保护法规制度,加大河湖管理保护执法监管力度,提高执法监管能力情况。

5.2.1.2　可行性和可比性原则

首先,要重点把握河长制湖长制考核指标的可行性。由于各地水治理的现实情况不一,各地党政干部对水治理行为的过程和结果是多种多样的,因此要设计一个面面俱到的考核指标体系来完整地考核评估各自的治理实效可能性不大。因为有些指标虽很重要,但目前难以得到数据支持,这就要求在设置考核指标体系时,要从实际出发,既要防止指标过于繁杂,考核评价成本过高,超出现实操作的承受能力;又要防止指标过于简单,难以反映各级河长工作绩效的客观实际。其次,要重点把握考核指标的纵向和横向可比性。在制定具有可操作性并能满足需要的指标时,还要进一步达成指标的纵向和横向比较评价。一方面,要兼顾指标的稳定性,实现各地水治理历史统计数据的可比性;另一方面,指标设计的内容、范围、口径也要考虑相互衔接,以促使绝大多数指标在特定区域内实现对比评价,充分发挥河长制考核表优惩劣、奖勤罚懒和扬清激浊的效用,形成"锦标赛"式的水治理体制。鉴于目前我国河长制的实施工作基本上是由省级党委政府组织落实的,在指标设计上,由各省组织设计较为稳妥,先由省一级组织辖区内的各市、区、县、乡(或村)进行考核评比,中央负责对考核指标进行备案、审核、督察。待考核实践成熟后,再逐步向全国推行铺开。

5.2.1.3　衔接性和科学性原则

首先,河长制湖长制考核指标设置应与现行的政绩考核指标体系相衔接,与各级党政领导班子任期目标责任制和领导干部岗位职责规范以及上级下达的年度责任目标相衔接,努力促使河长制考核指标体系与政绩考核责任制相互融通、相互促进,避免考核指标的冗杂和冲突,形成中国特色的新型政绩考核评价体系。其次,河长制考核指标要尽可能形成一个完整的指标体系,要对考核指标进行科学设定,充分考虑各级指标间的制约关系,尽量做到有联系的指标之间的数值能够检验核实,或者与现有统计年鉴上的指标数值互相验证。还有,要突出本地区阶段性工作重点,对不同地区不同河湖区域的治理应秉持差异化对待和差异化考核的原则,保证考核的公平性。此外,还要注重指标的及时动态调整。在指标设定完成后,还要重点加强指标的督察、分析、反馈和适时调整,以便有效激励、调动党政干部的水治理的积极性,促进各地河湖管理保护水平的提高。最后,在考核指标确定后,要对考核指标的实施情况及时进行评估,对考核质量及时进行检查和反馈。

5.2.2　选择确定考核方式

科学择定河长制考核的方式是推进河长制有效实施的重要举措。从目前各地公布的考核方式来看,仍然存在形式简单、结构单一等问题,如果考核方式无法及时优化,甚至有可能在后期具体实施过程中异化为"走形式""走过场",导致考核的"空心化"。因此,应引入多元化的考核方式,并对各类考核方式进行有效整合,充分保障考核的科学性。

5.2.2.1　推进考核工作的专门化和专业化

考核主体是河长制考核体系的重要组成部分,对考核结果的有效性、真实性、可靠性具有重要的影响。《意见》规定:"县级及以上河长负责组织对相应河湖下一级河长进行考核"。从《意见》设定的考核方式看,考核主体仍然以一元化、单极化、单向化的考核模式,主要是上级对下级的考核与评价。此类模式与传统政绩考核模式基本相似,即上级部门通过听取下级部门的报告及提供相关资料进行"自上而下"的评价,缺乏代表机关或权力、立法机关和社会对政府部门官员的评估与控制。由于我国行政体制内上级和下级具有直接或间接的利益关联,上级与下级的施政绩效指数往往互为依赖,"一荣俱荣、一损俱损",尤其是层层传导压力下,上级为了保证自己考核结果不被问责,会想方设法"照顾"下级情绪,正所谓"在上级需要承担连带责任的情况时,也难以保证问责结果的公正性。"另外,对于河长制中关键的水质标准及考核标准也是由行政权力系统内部设定的,基本上是属于行政体制内部"自我评价",难以排除在相关水质检测数据和考核成绩方面的修饰和作假现象。这种考核制可能产生的不良后果是"报喜不报忧""相互打掩护"。这种"自上而下"的评估虽然有利于实现政府目标的有效管理,但是在实践过程中容易形成上下一致的趋利性,背离制度设计的初衷。

菲利克斯·尼格罗认为:运动员不能同时兼裁判员,评估活动应该由一个符合考核内容的组织来进行;政府绩效如何,不能只由政府部门自己来评价,也不能只由上级管理部门来评价。在现有的绩效评估实践中,对政府官员的考核一直沿用两个评价体系,一是对政府绩效进行内部评价,其主体有上级机关或部门、机关自身、下级机关;另一种是外部评价,其主体有各类组织、社会公众、新闻媒体、专业机构等。在河长制、湖长制考核过程中,我国大多是由水利部门作为各级河长、湖长考核的具体实施者,也有的地区将此职权划归给考核办。这种考核主体设置的优势在于其对具体业务目标完成情况可以低成本获取,但是这种考核主体设置仍然无法摆脱"自组织评估"的弊端,在具体运作过程中也会出现主体多头分散、主观影响大、专业化程度不高、公正性受质疑等问题。因此,在河长制、湖长制考核时,应建立专门性的考核机构,使考核主体多元化,提高考核结果的公正性、准确性。为此,要注意以下两点:

（1）设立专职的类似河长制考核委员会专门机构，与河长制湖长制办公室协调运行，负责日常性的考评和信息管理工作。建议可由省委、省政府牵头设立，吸纳组织部、发改委、住建、水利、环保、国土、农业、林业、规划和财政等相关部门人员参与，并引入第三方专业评估机构、环境法专家、人大代表、政协委员、新闻媒体、普通群众等组成的考核委员会。为保障该机构考核的常态化和专业化，可选择配备专门编制人员、独立资金核算运用和专业性考核的信息平台，突破各部门考核职能条块分割的传统做法，使河长制考核工作能从全局把握，统一领导、统一标准、统一实施、统一掌握进度，提高公正性和权威性。

（2）应加强对河长制考核人员的专业培训。一是加强道德修养培训。作为考核的主体，担负着对河长考核确认的重要职责，其道德水准如何，将直接影响考核结果是否客观公正，进而影响各级河长是否能够求真务实努力推行水治理工作。考核人员的道德修养培训，重点是加强对培养其公道正派的道德品性，引导其正确评估、科学认定、实事求是地分析和得出结论。坚决杜绝以个人主观为转移，根据个人主观偏好，对被考核人的歪曲评价。二是加强业务技能培训。重点是对考核的原则、指标体系运用、考核标准、考核程序、考核方法等内容进行有针对性的培训，提高考核人员的专业化水平。三是建立严格的责任追究制度。对不能认真履行考核职责，违反考核评估有关规定，不按有关程序进行操作，提供虚假数据和评价信息，导致考核结果失真、失准的人员，应根据情节轻重，给予通报批评、诫勉谈话、组织处置或纪律处分等。

5.2.2.2　定量考核与定性考核相结合，以定量考核为主

对河长制考核的指标有定量与定性两大类。定性指标的内容很难有具体的量化标准，因此具有很强的主观性，考核的结果公信力不强。定量指标保持了一定的客观性，在充分数据计量的基础上得出的考核结果一定程度上可以趋近客观公正。在考核方式选择时，建议以定量考核为主，对于能量化的指标通过量化直接进行评价。如设置水质抽检合格率、水体自净率、流域天然植被率、鱼类种类变化率、水土流失比例等指标，对分段河流进行量化评估。对于落实河长制中难以量化的指标，也可以采用模糊数学的方法，将定性指标的考核标准进行量化处理。如设置管辖河面无漂浮物、岸坡无垃圾指标，考核标准设置为发现河道、岸坡漂浮物、垃圾等污染物一处扣一定量的分数；设置河长牌考核指标，考核标准为未安放河长牌、未写明联系方式或联系方式（无效的）扣除相应分数，尽可能使各级指标考核可以以量化方式进行综合评定。在定性考核方面，还应重点引入民意调查机制，面向公众面向社会开展河长制实施情况的满意度调查，赋予公众评议、建议、监督的权利，提升公众在河长制考核中的角色影响力。

5.2.2.3　定期考核与平时考核相结合，加大日常考核力度

我国当前的河长制考核体制对党政干部的考核包括年度目标考核和干部调整前考察两类，对日常考核重视和应用程度不高。水治理是一项长期、复杂、系统的工程，如果仅依靠以上两类考核方式，必然导致考核偏差，而加强日常考核则是一项重要的补位措施。一般说来，日常考核可以为定期考核积累材料、提供信息，有助于全面、历史、客观地评价各级河长的治理实绩。在实际操作中，可以将年度考核的目标与任务进行分解，保证日常考核在内容上更具体、更有针对性。可以借鉴有些地区的政绩考核的经验，实行河长表现登记卡制度，由各省统一印制河长表现情况月度登记卡，按考核内容，由各级河长本人如实填写,每月度末由上级河长审核填写意见并存档,作为年终总结和定期考核的依据。同时,考核专门机构应投入时间和精力加强对各级河长的日常考核,负责考核工作的人员每年要保证一定量的工作时间深入基层了解情况,还应畅通考核信息获取渠道,及时收集新闻媒介、信访等部门的信息和反映,加强对各级河长日常表现的信息收集,为定期考核奠定基础。

5.2.2.4　建立考核数据核查和监督机制

数据的采集、统计、核查是对河长制考核的重要环节,也是重要参考依据。首先,为保证考核结果的真实性,增强防假治假功能,可以在完善信息反馈、分层监督、数据临界监控等手段的基础上,充分发挥统计、发改委、经济和信息化、财政、国土、环保、住建、农业、水利、林业、审计等部门在数据收集和核查方面的作用。其次,地方党政负责人兼任河长具有较大随意性,容易造成权力自我决策、自我执行、自我监督的状况,形成管理上的混乱。为防止考察失真、评价失准,要强化对考核专门机构、各级考核组及其成员、考核对象所在单位及各有关部门的监督,增强刚性要求。针对考核主体与考核对象的差异性和多变性,在加强派出部门监督、职能科室监督、考核对象所在省、市、区、县、乡组织监督的基础上,广泛接受干部群众、人大代表、政协委员、离退休老干部的监督,必要时也可从以上人员中聘请专门的考核监督员,拓宽监督渠道,进一步营造风正气清的考核氛围。

5.2.3　考核结果运用

考核只是河长制运行实施的一种手段,要使河长制考核能发挥其"风向标""指挥棒"的作用,必须加强考核结果的科学合理运用,实现"考用结合",与干部职务任免升降直接挂钩。从目前各地考核结果运用的情况看,其奖惩机制均存在内容模糊、力度不大的问题。如有些地区仅仅规定"考核结果作为地方党政领导干部综合考核评价的重要依据",对其影响内容、影响程度均未明确。有些地区对于考核不合格的,仅仅规定由环保部门会同组织部门、监察机关等部门约谈人民政府及其相关部门有关负责人,提出整改意见;或是环保部门暂停该区域新增涉水建设项目的环境影响评价文件审批,取消相关环境保护荣誉称号等。这些考核结果运用未能直接撬动"关键少数"的施政导向,其考核评价必然难以达到预期目标。因此,笔者认为,必须强化河长制考核结果的应用,将河长制考核纳入政绩考核指标体系,使考核结果与各级党政干部的评先表优及职务任免、职级升降、交流任用、奖励惩处直接挂钩作为考察使用干部、推进干部能上能下的重要依据。

(1)科学分析和评定考核结果。各级河长推进河湖管理保护的情况,受到自然条件、基础条件、主观动因等多种因素的影响和制约。因此,考核委员会在认定考核结果时,应充分分析评估各级河长工作条件的差异、主观努力的程度、工作后劲、执行政策信息。在对以上信息进行全面评估的基础上,再按工作绩效量化考核得分并综合排名。认定考核绩效时,要正确处理好各级河长"功劳"与"苦劳"、"显绩"与"潜绩"、"实绩"与"虚绩"、"个人政绩"与"集体政绩"、"主观努力"与"客观条件"等之间的关系,既要考核河长当前已经取得的成绩,也要考量其为区域内河湖治理的长远发展做出何种贡献,打下何种基础,创造何种条件,留下何种问题。对急功近利、投机取巧、追求短期效应,还是真抓实干、一时政绩不明显等应加以辨别,不能一概而论。

(2)与干部的奖惩和选拔任用相结合。尊重考核结果,维护考核结果权威,把考核结果作为对各级党政领导干部奖惩和选拔使用的重要依据,才能充分调动广大干部的积极性、主动性和创造性,才能更好地激发他们的工作热情。根据中央的《意见》,党委政府的主要负责同志是考核的主要对象。为更好地增强河长制的"硬约束"作用,应对河长考核结果应用进行规定。对在考核中认定为治理实绩突出者,应予以通报表扬和大力表彰;在班子调整、换届及公选领导干部时,原则上在同等条件下,应予优先提拔任用;要把河长制考核作为发现培养干部人才的重要渠道,把考核结果作为培养后备干部队伍的重要依据,增强选人用人的"生态导向"。对治理实绩一般者,要进行约谈和批评教育,限期说明与改正。对考核不合格者,经认定确属不能胜任,应坚决予以调整;对发生因河湖管理不到位发生重大安全责任事故和发生重大污染事故的,采用"一票否决",直接认定为不合格,要区分不同情况,采取免职、辞职、降职、诫勉等惩戒措施;对故意制造虚假绩效骗取荣誉,以所谓的"面子工程""政绩工程"等达到个人升迁目的,损害群众根本利益的,要坚决追究主要当事者和主要领导者的责任,并根据党纪、政纪给予严肃惩处;对因失职、渎职导致河湖环境遭到严重破坏的,依法依规追究责任单位和责任人的责任。

(3)要努力完善考核配套制度。一是建立河长考核档案。河长制考核并非一次性考核,而具有阶段性和连续性的特点。因此,考核机构应在定期或不定期对各级河长水治理绩效进行考核时必须进行必要的档案记载。考核机构在工作时应注意收集积累相关的素材,如背景资料、调查材料等,并将每年的考核结果、民众满意度测评、奖惩情况、工作任务完成情况、重大水治理事件处理情况等作为考察信息进行汇总,从而全面掌握各级河长的治理过程与结果,为其任免、奖惩、管理提供重要依据。二是建立考核结果追溯制。逐步推动考核结果经得起历史的考验、实践的考验,对各地各级河长水治理成效实行实时跟踪,一旦发现是弄虚作假,无论时间多长、无论在何地任职,都要追究相应责任。三是建立考核结果公示制。对各级河长考核的结果,要通过电视、广播、报刊、网络、简报、文件等形式在一定范围内向社会公示,增强考核结果的可靠性和透明度。还可设立专门的信箱或电话渠道,接受各方面反馈的意见,对反映出的问题进行严格核查,进而在党政领导干部中形成以生态GDP为核心的施政及用人导向,全面推进河湖保护管理主体责任体系构建,优化河湖保护管理领导体制,建立起水陆共治、部门联治、全民群治的河湖保护管理长效机制。

5.3 考核绩效评价体系

2016年,中央制定出台了《关于全面推行河长制的意见》,表明遏制水资源、水环境失控的强烈意愿,要求依法依规落实地方治水主体责任。然而我国河长制建设起步较晚,并在推行实践的过程中出现了诸多问题,与河长制相配套的绩效评价体系尚未建立,存在着机制不健全、监控能力不完善等问题,对其的研究也没有形成完整的理论体系。河长制的全面推行及落实离不开绩效评价体系的完善,我们迫切需要对绩效评价体系进行全面、系统的研究,构建起基于河长制的水资源审计评价指标和基于河长制绩效评价体系的问责与激励机制。目前,已有的研究结果并未将绩效评价体系进行系统的构建,多关注于考核机制的构建,有关建立健全河长制绩效评价体系的研究尚未有新的进展。这将导致河长制考核评价作用小,绩效评价缺乏公正性。因此,建立一套责任明确、协调有序、监管严格、保护有力的河长制绩效评价体系以及相配套的具体执行战略,真正地贯彻落实好河长制,是目前我们亟待研究和解决的问题。下面尝试从监督手段、指标构建和考核方式三个角度来构建河长制绩效评价体系。

5.3.1　河长制绩效评价体系框架

结合我国各省市具体实施河长制过程中存在的问题,河长制考核绩效评价体系的构建,建议从监督手段、指标构建和考核方式三个角度系统构建我国河长制考核绩效评价体系,具体框架如图 5-1 所示。

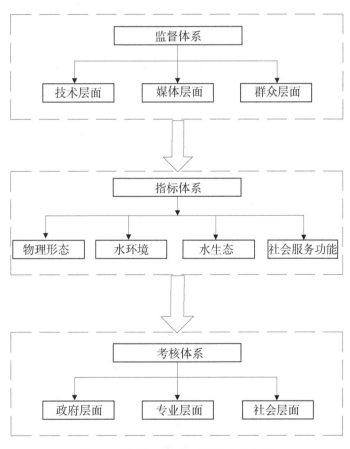

图 5-1　河长制考核绩效评价体系框架

5.3.2　绩效评价的原则

5.3.2.1　横比与纵比相结合

横向比,也纵向比,不仅要和其他河段的治理效果相比较,更要看这段河流自身的变化,将河流的横向排名与纵向变化相结合,综合衡量河长制的绩效。例如,某河段的水环境质量合格且排名相对靠前,但与其自身的历史水环境相比,数据指标呈下降趋势,这就说明该段河流的治理出现问题,绩效不理想。相反,某段河流的水环境排名虽然靠后,甚至水环境质量不达标,但是相较于之前污染较严重的情况,河流水环境整体呈现不断改善的趋势,这就是较好的河长制绩效。

5.3.2.2　数据与感受相结合

人民群众是河流治理的最大受益者,我国河湖众多,城市依水而建,无论是居住环境还是日常饮用水都受当地河湖治理绩效的巨大影响,同时河湖治理绩效往往与官员升迁相结合。因此,部分地区数据常存在虚假成分,需要将人民群众对河湖治理质量的认可度,对河湖治理工作开展的满意度加入绩效评价的考量范围。某段河流的水环境治理数据非常好看,但群众的满意度却很低,水污染事件频发,污染排放工厂众多,那么这类数据就存在失真的可能。因此,在评价时不能只关注水环境治理相关的数据,更要关注公众的感受,在评价考核时赋予群众评价指标较高的分值和权重。

5.3.2.3　现在与未来相结合

河湖治理不是一朝一夕就能完成的事,河湖水生态环境的改善和维护是一个长期的过程,不能一味追求速成,追求短期绩效,在河长在位期间,河湖水生态环境质量呈上升趋势,河长一旦离任,河流水环境就恢复原状,被"打回原形",在河长制考核绩效时,不仅要看一时的河湖水生态环境治理质量,更要关注河湖治理的相关制度建设、防洪防汛设施建设和水运货运通航能力建设等,这类工作绩效会对未来经济社会发展产生重要影响。

5.3.3　河长制绩效评价体系

5.3.3.1　监督体系

监督体系主要评价以下三个层面。

1.技术层面

建立完善的河湖监测体系,利用遥感、巡查、自动采集、视频识别、人工检测等多种手段方式,建立和完善河湖水位、水量、水质、断面、保洁、养护等信息监测和监控体系,实现河湖状态信息的全面监控与在线传输,为下一步治理工作的开展和专业层面的考核提供可靠的数据参考。

2.媒体层面

随着互联网时代的来临,需要建立全媒体、全方面的公开透明机制,主动接受社会监督。一要利用媒体加大环境保护宣传力度,提高公众参与意识,强化公众生态文明教育;二要借助主流媒体,利用官方微博、新闻APP、微信公众号定期公布河流监测信息,并将考核的相关信息对社会公众进行公开,保障信息获取渠道的畅通;三要号召新闻媒体坚持正确的舆论导向,以客观公正的报道呈现环境污染及环境治理的现状及问题,让公众了解事实,对水环境治理工作进行促进和鞭策。

3.群众层面

通过加强宣传引导、设立有奖举报资金来调动人民群众的积极性,让社会公众参与到河流治理中来,成为河流治理的第三股力量。通过公民论坛、政府咨询、社区宣传、座谈会、听证会、论证会、街区议事会、利益相关人对话等方式保障公民的参与权,丰富参与方式,畅通参与渠道,形成社会共治的良好氛围,让人民群众对河流治理进行监督,保障河长制发挥出应有的作用。

5.3.3.2　指标体系

根据2016年12月由中共中央办公厅、国务院办公厅印发《关于全面推行河长制的意见》中明确的有关要求,2017年年底组织对建立河长制工作进展情况进行中期评估。对此,2017年11月6日,水利部办公厅、环境保护部办公厅已经印发《全面建立河长制工作中期评估技术大纲》,委托水利部发展研究中心、环境保护部环境规划院具体承担中期评估工作。

中期评估要求评估组准确把握"四个到位",将是否做到工作方案到位、组织体系和责任落实到位、相关制度和政策措施到位、监督检查和考核评估到位,作为评估各地是否全面建立河长制的具体标准。

在此基础上,还要对河湖名录、"一河一策"、信息系统、法规建设等基础性工作开展情况,以及河道垃圾清理、综合执法、生态修复、水环境质量改善等河湖管理保护成效情况进行实地核查,引导各地河长制工作逐步在"见行动""见成效"上下功夫。

根据《意见》有关要求,在明确强化考核问责的有关要求时指出,"根据不同河湖存在的主要问题,实行差异化绩效评价考核,将领导干部自然资源资产离任审计结果及整改情况作为考核的重要参考"。同时明确,由县级及以上河长负责组织对相应河湖下一级河长进行考核,考核结果作为地方党政领导干部综合考核评价的重要依据。

无论是《意见》对清晰权属、明确治理责任强化监管、科学考核等一系列要求,还是中期考核重点核查的制度实施进度,都意在促进河长制制度本身的加速落实。毕竟,寄望我国河流湖泊的全面还清所应该且必须仰仗的制度实施唯河长制莫属,因此全面实施河长制意义重大。更为重要的是,党的十九大报告也为河长制的推进落实提供了新的契机。

各省市年度河长制湖长制工作评分细则根据当地的河湖管理和国家政策进行动态调整,将工作绩效与评先树优等深度融合,推动各级河长制湖长制提档升级。一般包括河长制湖长制日常工作内容,分为加分项、扣分项两部分,通过正向激励+反向约束,建立一套全面、客观、公正的工作评分机制,对各区市河长制湖长制工作进行全面评价。如大部分市县的评分细则有以下内容:受到省级及以上综合性表彰,经验做法在全国、全省、全市复制推广,争取上级在我市召开工作现场会,获得上级激励资金等9项内容被列为工作突出加分项,表现突出的区市将分别给予加分;在河湖安全、美丽示范河湖建设、河湖健康评估、一河一策编制落实、河湖水域岸线管理利用保护、小型水库与水闸安全运行管理、水土流失防治等9大项重要事项中未按时完成任务、工作不力的,将予以不同程度的扣分。最终评分结果经市总河长(或市副总河长)审定后,将作为市对县经济社会发展综合考核生态河湖指标赋分、河长制湖长制评优表扬和有关资金分配的重要依据。

1.绩效评价主要依据

(1)《中共中央办公厅　国务院办公厅印发〈关于全面推行河长制的意见〉的通知》(厅字〔2016〕42号);

(2)《水利部　环境保护部关于印发贯彻落实〈关于全面推行河长制的意见〉实施方案的函》(水建管函〔2016〕449号);

(3)《水利部办公厅 环境保护部办公厅关于建立河长制工作进展情况信息报送制度的通知》(办建管函〔2017〕18号);

(4)《水利部办公厅关于印发〈全面推行河长制工作督导检查制度〉的函》(办建管函〔2017〕102号);

(5)《水利部办公厅关于加强全面推行河长制工作制度建设的通知》(办建管函〔2017〕544号);

(6)《水利部办公厅关于明确全面建立河长制总体要求的函》(办建管函〔2017〕1047号);

(7)各省份印发的全面推行河长制工作方案等。

2.评价思路

根据中央全面推行河长制工作部署和要求,重点围绕工作方案到位、组织体系和责任落实到位、相关制度和政策措施到位、监督检查和考核评估到位和相关工作目标任务,采取"自评估、第三方评估"相结合的方式,以省份为评估单元,对全面建立河长制工作进展情况进行中期评估,提出评估意见。

3.评价原则

(1)客观公正。以各省份开展的实际工作为依据,对各项工作进展情况进行客观分析,提出的评估结论真实可信。

(2)上下联动。以省份为评估单元,按照中期评估技术大纲要求,统计和填报数据,开展自评估。中期评估由具体承担单位组成核查组,对各省份进行抽样核查。根据自评估报告和核查报告,形成评估报告。

(3)有序推进。严格按照时间节点的要求,做好相关信息数据的收集、填报、统计、上报、核查和评估报告编制工作,确保按期完成中期评估任务。

4.评价内容

主要包括工作方案到位、组织体系和责任落实到位、相关制度和政策措施到位、监督检查和考核评估到位以及基础性工作开展情况、河湖管理保护成效等六个方面。

5.评价方法

采用定性与定量相结合的方法,以定量评估为主。根据中央全面推行河长制工作任务及要求,将需要评估的内容细化分解为单项评估指标,根据每项指标工作进展情况进行赋分,所有得分合计为评估总分值,量化反映各省份工作进展。

在评估指标体系中设置4项约束性指标,即:省、市、县、乡工作方案全部由党委或政府正式印发;总河长和分级分段河长全部设立;县级及县级以上河长制办公室全部成立;省级全部出台中央及水利部、环境保护部《实施方案》要求的六项制度。

自评估和第三方评估相结合。以省(自治区、直辖市)为评估单元,各省份开展自评估,各项指标赋分要说明赋分依据并有相关证明材料;第三方组织对各省份自评估进行抽样核查,形成核查报告;根据自评估报告和核查报告,形成评估报告。

6.评估指标与赋分说明

评估指标体系设置3层。第1层为目标层,表征指标为全面建立河长制工作完成情况,以百分制表示。第2层为准则层,共设置6方面评估内容。第3层为指标层,进一步细化准则层的各项内容,共设置26项评估指标。经综合分析确定各项评估内容及指标分值见表5-1。

表5-1 评估内容及指标分值

| 序号 | 准则层 | | 指标层 | |
	评估内容	分值	评估指标	分值
1	工作方案到位	25	省、市、县、乡四级河长制工作方案印发情况	12
			省、市、县三级河长制工作方案质量	8
			全面推行河长制实施范围	2
			六项任务细化实化情况	3
2	组织体系和责任落实到位	30	总河长设立及公告情况①	8
			分级分段河长设立及公告情况①	10
			河长制办公室设置情况②	8
			河长制办公室履职情况	2
			河长公示牌设置情况	2
3	相关制度和政策措施到位	15	省级六项制度建立①	6
			省级政策措施逐步完善	3
			市级相关制度文件制定及出台	3
			县级相关制度文件制定及出台	3
4	监督检查和考核评估到位	10	监督检查开展情况	4
			监督检查意见的整改落实情况	2
			社会公众参与监督情况	4
5	开展的基础性工作	8	河湖名录编制	2
			"一河一策"编制	2
			信息系统建设	2
			法规建设	1
			其他制度建设	1
6	河湖管理保护成效	12	河道垃圾清理及保洁	2.5
			河湖管理保护综合执法	3
			河湖管理范围划定	2.5
			河湖综合治理与生态修复	2.5
			河湖水环境质量改善	1.5
	合计	100		

注:①该项指标为约束性指标。

　　②该项指标部分内容为约束性指标。

7.河湖健康指标体系

加强河湖管理保护,维护河湖健康生命,实现河湖功能永续利用,是全面推行河湖长制的根本目标。河湖健康评价是河湖管理工作的重要抓手,是各级河长湖长决策河湖治理保护工作的重要参考,也是检验河湖长制工作及河湖管理成效的重要依据。在河湖长制背景下,应进一步明确河湖健康评价工作的目标定位,适当拓展河湖健康评价的内涵,逐步完善河湖健康评价的方法,切实强化河湖健康评价在河湖长制工作中的应用,并推动河湖长制向高质量发展。

2020年8月水利部河长办印发《河湖健康评价指南(试行)》(以下简称《指南》)指出河湖健康评价是河湖管理的重要内容,是检验河长制湖长制"有名""有实"的重要手段,河湖健康评价结果,是有关河长、湖长组织领导相应河湖治理保护工作的重要参考。2021年5月,广东省全面推行河长制工作领导小组办公室结合广东河湖水系特征和河湖管理实际情况,凝聚国内外研究成果和实践经验,以水利部下发的《河湖健康评价指南(试行)》为基础,编制了具有区域特色的《广东省 2021年河湖建康评价技术指引》(以下简称《指引》),指导各地开展河湖健康评价工作。《指引》从"盆"(河湖物理形态结构)、"水"(河湖水环境)、生物(河湖水生态)和社会服务功能4个准则层对评价河湖所涉及的21~22个指标进行评价。所有评价指标根据河湖功能、指标重要性、指标数据获取难易程度等方面划分为"必选指标"和"备选指标"。这些指标可从河湖健康角度对河湖治理绩效进行比较科学全面的评价;本书参考《指引》,将其引入作为河长制考核绩效评价体系的具体指标。

《指引》中评价河流和湖泊健康的指标分别如表5-2和表5-3所示。

表5-2　河流绩效评价指标体系

准则层		指标层	指标类型	调查或取样监测范围	具体位置
"盆"		河流纵向连通指数	备选指标	评价河段	水域
		岸线自然状况*	必选指标	监测断面	河岸带
		河岸带宽度指数	备选指标	评价河段	河岸带
		违规开发利用水域岸线程度*	必选指标	评价河段	水域与河岸带
"水"	水量	生态流量/水位满足程度*	必选指标	监测点位	水域
		流量过程变异程度	备选指标	监测点位	水域
	水质	水质优劣程度*	必选指标	监测点位	水域
		底泥污染状况	备选指标	监测点位	水域
		水体自净能力*	必选指标	监测点位	水域
生物		大型底栖无脊椎动物生物完整性指数	备选指标	监测断面	水生生物取样区
		鱼类保有指数*	必选指标	评价河段	水域
		水鸟状况	备选指标	评价河段	水域与河岸带
		水生植物群落状况	备选指标	评价河段	水域

续表 5-2

准则层	指标层	指标类型	调查或取样监测范围	具体位置
社会服务功能	防洪达标率	备选指标	评价河段	河岸带
	供水水量保证程度	备选指标	评价河段	水域
	河流集中式饮用水水源地水质达标率	备选指标	评价河段	水域
	岸线利用管理指数	备选指标	评价河段	河岸带
	通航保证率	备选指标	评价河段	水域
	碧道建设综合效益	备选指标	评价河段	河岸带
	流域水土保持率	备选指标	评价河流	汇水区间
	公众满意度*	必选指标	评价河流	周边社会公众

注:*当评价河流只有一个评价河段时,评价河段等同于评价河流。

表 5-3　湖泊绩效评价指标体系

准则层		指标层	指标类型	调查或取样监测范围	具体位置
"盆"		湖泊连通指数	备选指标	评价湖泊	环湖河流
		湖泊面积萎缩比例*	必选指标	评价湖泊	水域
		岸线自然状况*	必选指标	监测断面	湖岸带
		违规开发利用水域岸线程度*	必选指标	评价湖泊	水域与湖岸带
"水"	水量	最低生态水位满足程度*	必选指标	监测点位	水域
		入湖流量变异程度	备选指标	评价湖泊	环湖河流
	水质	水质优劣程度*	必选指标	监测点位	水域
		湖泊营养状态*	必选指标	监测点位	水域
		底泥污染状况	备选指标	监测点位	水域
		水体自净能力*	必选指标	监测点位	水域
生物		大型底栖无脊椎动物生物完整性指数	备选指标	监测点位	水生生物取样区
		鱼类保有指数*	必选指标	评价湖泊	水域
		水鸟状况	备选指标	评价湖泊	水域与湖岸带
		浮游植物密度*	必选指标	监测点位	水域
		大型水生植物覆盖度	备选指标	监测点位	近岸带
社会服务功能		防洪达标率	备选指标	评价湖泊	湖岸带
		供水水量保证程度	备选指标	评价湖泊	水域
		湖泊集中式饮用水水源地水质达标率	备选指标	评价湖泊	水域
		岸线利用管理指数	备选指标	评价湖泊	湖岸带
		碧道建设综合效益	备选指标	评价湖泊	湖岸带
		流域水土保持率	备选指标	评价湖泊	汇水区间
		公众满意度*	必选指标	评价湖泊	周边社会公众

下面简要介绍一下参照《指引》开展河湖绩效评价主要过程:

(1)技术准备。

①确定评价指标。根据《指引》确定的河湖健康评价指标,提出评价指标专项调查监测方案与技术细则。若自行增设评价指标,还应研究制定自选指标的评价标准和赋分、权重等,合理纳入评价指标体系。

②划分评价河段(湖区)。根据河流长度、湖泊面积、上下游差异性等特点,视需要对河湖评价对象(也称"评价单元")进行评价河段(湖区)划分;对每个评价河段(湖区)设置1个或多个监测点位,在监测点位附近设置监测河段(湖区),每个监测河段(湖区)设置若干监测断面,开展评价指标调查监测。对每个评价河段(湖区),指标的调查范围或取样监测位置分5种:整个评价单元,评价河段(湖区),监测点位,监测河段(湖区),监测断面;具体位置分水域和河岸带(湖岸带)。

(2)开展调查监测。

从"盆""水"、生物及社会服务功能4个准则层对评价河湖组织开展评价指标调查与专项监测工作。系统整理调查与监测数据,综合分析监测点位和评价河段(湖区)指标的代表值。

(3)评价赋分。

参照《指引》确定的各指标赋分方法和赋分标准,结合各指标评价分析结果对其进行赋分。河湖健康评价采用分级指标评分法,逐级加权,综合计算评分。四大准则层及指标层所有指标的权重分配情况详见表5-4和表5-5。

表5-4　河流绩效评价指标体系及指标权重

准则层(权重)		指标层	指标类型	权重
"盆" (0.2)		河流纵向连通指数	备选指标	0.2
		岸线自然状况*	必选指标	0.3
		河岸带宽度指数	备选指标	0.2
		违规开发利用水域岸线程度*	必选指标	0.3
"水" (0.3)	水量	生态流量/水位满足程度*	必选指标	0.22
		流量过程变异程度	备选指标	0.17
	水质	水质优劣程度*	必选指标	0.22
		底泥污染状况	备选指标	0.17
		水体自净能力*	必选指标	0.22
生物 (0.2)		大型底栖无脊椎动物生物完整性指数	备选指标	0.2
		鱼类保有指数*	必选指标	0.4
		水鸟状况	备选指标	0.2
		水生植物群落状况	备选指标	0.2

续表 5-4

准则层（权重）	指标层	指标类型	权重
社会服务功能 （0.3）	防洪达标率	备选指标	0.12
	供水水量保证程度	备选指标	0.12
	河流集中式饮用水水源地水质达标率	备选指标	0.12
	岸线利用管理指数	备选指标	0.12
	通航保证率	备选指标	0.12
	碧道建设综合效益	备选指标	0.12
	流域水土保持率	备选指标	0.12
	公众满意度*	必选指标	0.16

表 5-5　湖泊绩效评价指标体系及指标权重

准则层		指标层	指标类型	权重
"盆" （0.2）		湖泊连通指数	备选指标	0.19
		湖泊面积萎缩比例*	必选指标	0.27
		岸线自然状况*	必选指标	0.27
		违规开发利用水域岸线程度*	必选指标	0.27
"水" （0.3）	水量	最低生态水位满足程度*	必选指标	0.2
		入湖流量变异程度	备选指标	0.1
	水质	水质优劣程度*	必选指标	0.2
		湖泊营养状态*	必选指标	0.2
		底泥污染状况	备选指标	0.1
		水体自净能力*	必选指标	0.2
生物 （0.2）		大型底栖无脊椎动物生物 完整性指数	备选指标	0.18
		鱼类保有指数*	必选指标	0.23
		水鸟状况	备选指标	0.18
		浮游植物密度*	必选指标	0.23
		大型水生植物覆盖度	备选指标	0.18
社会服务功能 （0.3）		防洪达标率	备选指标	0.14
		供水水量保证程度	备选指标	0.14
		湖泊集中式饮用水水源地 水质达标率	备选指标	0.14
		岸线利用管理指数	备选指标	0.14
		碧道建设综合效益	备选指标	0.14
		流域水土保持率	备选指标	0.14
		公众满意度*	必选指标	0.16

(4)评价考核。

根据所评价河湖赋分结果,可以对河湖治理情况进行综合评价。在利用河长制绩效评价指标体系进行评价时,要把握以下几点:

①监测指标数字化。将模糊评价与定量评价相衔接,做到评价指标全面客观。可以进行数字量化的尽量采用数字量化指标,对于难以数字量化的,可以采用模糊量化。同时,考虑到社会公众由于专业知识的限制,对于科学指标理解不足,在公布监测信息时可以考虑采用描述性指标,如部分污染严重的水域在治理后可采用“恢复鱼类生长”这类描述性指标。

②主要任务指标化。要确保相关指标能涵盖河长制运行的关键领域,针对河长日常的工作内容,构建起具有指引性、协调性、系统性的指标体系。要重点关注河长对推进水环境保护修复相关管理机制的改进工作,如和水资源及河岸线保护规划相关的水资源治理机制、水环境监管制度、河湖管护责任制度的建立健全以及实行情况。

③区域指标差异化。河湖长度、面积和上下游等具有差异性特点,不同河段(湖区)的污染原因、污染程度也不尽相同,因此要针对河湖的不同情况实施差异化指标。如有的河流是由于河段内的排污企业较多,未执行严格的排放标准,导致河流污染,则应将污染企业关闭整改情况列入考核,有的河流由于河段附近土壤重金属污染情况严重导致河流指标超标,则应考虑土壤治理的难度和恢复时间,将土壤污染指标列入考核。同时,建立考核标准时,对受上流区域污染影响的河段,适当降低部分考核标准,做到考核的公平公正。

5.3.3.3　考核体系

建立政府部门、专业机构、社会公众三个维度的绩效考核体系。政府为主导的行政考核主要针对河长及相关职能部门的责任履行情况进行考核评价;市场或专业机构为主导的专业考核主要针对治理后水环境的提升对治理绩效进行考核评价;社会公众为主导的社会考核主要针对公众对水环境的满意度和治理工作的认同度进行考核评价。

1.政府层面

建立定期与“双随机”抽查机制,为防止考核过程中出现“猫鼠合谋”等选择性执法的“监管俘获”现象,需要设立专门性的考核机构对河长制进行考核。建立河长名录库与检查人员名录库,采用定期与随机方式,建立月度、季度、半年度、年度和届中、届末的常态化和规范化河长制考核机制,通过抽签、摇号等方式,做到“双随机”抽查,确保考核工作公平公证公开。

2.专业层面

依托第三方监测机构开展技术考核,委托具有相关资质的监测机构和专家团队(环境法专家、人大代表、政协委员)对监测数据进行解读分析,重点关注水质指标变化、生物指标变化情况,对水体的变化情况进行连续监测和综合评判,综合分析判断所出问题的源和根,即对各段河长的工作绩效进行考核,又为下一步治理工作的开展提供方向指引。

3.社会层面

人民群众对水体治理的成效最有发言权,在对河长制推行情况进行数据分析报告的基础上,还要依托群众开展绩效评价,综合考虑群众对河长制建设状况的评分,通过进行大规模民意调查,让群众参与河长工作成效考核评价。借助微信微博等媒体平台进行公众评分,重点考核评价水体治理的直观性指标,如是否有异味,是否存在乱倒垃圾、破坏生态环境等行为。

5.4　我国河长制考核现状及建议

5.4.1　我国河长制考核现状

自河长制从试点到全面推行多年以来,其发展的方方面面也越来越趋于完善。对于河长制的考核评价方面,各地区也做出了诸多相关的规定,制定了一系列考核相关办法,如《广东省全面推行河长制工作考核办法(试行)》《广州市全面推行河长制湖长制工作2019年度考核实施方案》《浙江省 2017 年度河长制长效机制考评细则》《2019 年度湖南省河长制湖长制工作考核细则》《瑞安市“河长制”工作考核评分细则》等都为河长制的全面实行提供了重要的保障。河长制考核运行的现状主要体现在以下几个方面。

5.4.1.1　河长目标责任书是考核的重要依据

国家《水污染防治行动计划》发布以后,环保部门首先就是与各省签订目标责任书,把水污染防治行动计划的目标任务、工作进行分解细化到各个地方部门。河长制是《水污染行动计划》的具体落实,通过各级主要负责人层层签订河长目标责任书的形式来体现河长责任目标,这也是河长职责之所在。因此,制定和实施目标责任书是实现河长制的核心,也是河长制考核的重要依据。例如,为全面推行河长制,按照属地管理和三级联动原则,把责任落实到市、县(区)、乡(镇)等河长的身上,层层签订责任状,使每一段河流有人管、有人治、有人护,出现问题有人负责。又如,兰溪市政府还下发了《兰溪市水环境综合治理河长目标责任书》政府文件。由于目前环保目标责任制的实施从内容到形式都无章可循,各地自行其是,纵然各有千秋,但内容上比较杂乱,重复率很高,未切合当地实际,在实践中缺乏可操作性。

5.4.1.2　对考核不合格的责任人适用“一票否决”

“一票否决”是河长制中河长考核问责的重要管理手段。首创河长制的无锡,在 2007年就已规定对责任人实施“一票否决”;2016 年又将十个断面水质纳入“水十条”的考核,自 2017 年起,针对未完成“水十条”考核断面水质目标任务的实行一票否决制,并实行区域限批。合肥市在《落实“河长制”工作责任追究暂行办法》中指出,未完成合肥市河长制年度考核任务的,相关责任人应当问责。河长任务完不成,就要被“一票否决”。“一票否决”作为行政管理的一种手段,在实施河长制目标责任考核中,行政色彩比较浓厚,体现其“工具化”的价值功能。然而,“一票否决”制度成效显著,但仍缺少法律规范性。“一票否决”虽实施多年,却没有制定出法律层级的规范性文件,缺少法律强制性,其实施效力成效和空间大打折扣,在实施过程中也易被滥用而走向极端化。因此,今后为防止“一票否决”被滥用,应事先设置科学合理的行政管理目标和考核评价指标,同时还应当制定完善的考核体系和具体的操作细则。

5.4.1.3　追究形式实行责任终身制

《意见》强调,要强化考核问责,根据不同河湖存在的主要问题,实行差异化绩效评价考核,将领导干部自然资源资产离任审计结果及整改情况作为考核的重要参考。县级及以上河长负责组织对相应河湖下一级河长进行考核,考核结果作为地方党政领导干部综合考核评价的重要依据。实行生态环境损害责任终身追究制度,对造成生态环境损害的,严格按照规定追究责任。《党政领导干部生态环境损害责任追究办法(试行)》第十二条明确规定,实行生态环境损害责任终身追究制,并强调"党政同责"。对于违背科学发展要求、造成生态环境和资源严重破坏的要记录在案,对已经调离的人员也要问责,造成严重后果的,要严肃追究有关人员的领导责任;同时还规定了相应的责任追究形式,如诫勉、责令公开道歉,组织处理,党纪政纪处分等。虽然追究形式多样,但所追究的法律责任性质并不是很明确,是行政处分还是党内组织处理,还有待今后进一步细化明确。

5.4.2 河长制考核建议

各地政府对河长制考核应根据地方特点,建立健全符合地方特色的考核制度。河长制考核作为地方党政领导干部综合考核评价的重要依据,其考核体系设置要有科学性、针对性和灵活性。下面是对河长制考核的几点建议。

5.4.2.1 要兼顾考核的稳定性和灵活性

构建河长制湖长制考核机制应注意稳定性和灵活性有机结合。稳定性是指考核机制一旦颁布就要不折不扣地实施并坚持下去,否则朝令夕改,有失考核权威和地方的信任。灵活性是指河长制湖长制考核应与年度河长制湖长制工作重点紧密有机结合,做到以考核正导向,以考核促工作,以考核激活力。为此,省委省政府的层面出台河长制湖长制考核方案,规定河长制湖长制考核的考核对象、组织机构、考核内容、考核应用等相对固化的内容,建立考核机制体制,树立考核权威。省河长制办公室的层面出台河长制湖长制考核年度方案,明确河长制湖长制年度考核事项和评分细则等,强化考核的可实施性和可操作性。

5.4.2.2 要解决好考核谁的问题

《关于全面推行河长制的意见》规定县级及以上的河长负责组织对相应河湖的下一级河长进行考核。以广东省为例,广东省政府通过《广东省全面推行河长制工作方案》,在全省建立了以党政主要负责人为总河长的五级河长组织体系。经综合研究分析,对于流域(河道)河(湖)长作为考核对象,实施过程可能存在一定难度。一方面,国家要求上级河长对下一级河长考核,需对流域(河段)河(湖)长实施考核。另一方面,广东省东江、西江、北江、韩江和鉴江五大流域及潼湖的对应地级以上市流域(河道)河(湖)长基本为各地党委、政府主要负责人,同时为该地区的总河长,实则为同一位河(湖)长,存在重复考核的问题;此外,流域(河道)河(湖)长涉及河湖数量多、考核过于复杂,且存在指标获取难、考核工作量大、河长行政级别倒置等不利因素,缺乏操作性。为贯彻落实国家考核要求并结合地方实际,将地方党委、政府作为考核对象,对地方总河长和流域(河段)河(湖)长考核融入对地方党委、政府的全面推行河长制湖长制的考核。

5.4.2.3 要注意实现差异化考核

《关于全面推行河长制的意见》提出根据不同河湖存在的主要问题,实施差异化考核的要求。广东河流水库众多、水系发达、河湖问题复杂多样,发展不平衡不充分问题突出,如何根据不同流域和区域河湖管理保护特点和要求,实行差异化考核,引导地区河湖管护工作,是河长制湖长制考核的重点和难点。以广东为例,广东河长制湖长制考核对象为各地级以上市党委、政府,考核内容主要涉及地区总河长和部分流域(河道)河(湖)长,而不是具体的某一河湖,因此不同河湖实施差异化考核的可行性和可操作不强。广东珠江三角洲、粤东、粤西、粤北地区发展定位明显和河湖管理特性差异显著,是实施地区差异化考核的有效单元。广东省委第十二届四次会议提出了构建科学考核评估的导向机制,按照珠三角核心区、粤东粤西沿海经济带、北部生态发展区"一核一带一区"的功能区定位实行分类考核。为此,河长制湖长制考核基于"一核一带一区"的功能区定位设置了不同的考核权重,例如珠三角核心区以水污染问题为主,其水污染防治和水环境改善内容的考核权重大;北部生态发展区以生态保护为主,其水生态和水资源保护内容的考核权重大。

5.4.2.4　要妥善处理与最严格水资源管理制度考核关系

实施最严格水资源管理制度考核和河长制湖长制考核均为水利部门牵头实施的省政府综合性考核事项。从考核内容来看,最严格水资源管理作为广东省河长制七大任务之一,河长制湖长制考核基本囊括了最严格水资源管理制度考核内容。从考核对象来看,最严格水资源管理制度考核的对象为各地级以上市政府,河长制湖长制考核对象为各地级以上市党委、政府。从考核内容和考核对象看,最严格水资源管理制度是河长制的一项重要工作内容;从精简规范、减负提效的角度考虑,最严格水资源管理制度考核纳入河长制考核体系符合中央决策部署和国家规定,特别是"放管服"改革要求。由于最严格水资源管理制度考核是由国务院实行的自上而下的考核,为保持压力传导,必须有一套与国家考核相对应的指标体系和评分体系。因此,在河长制湖长制考核体系中,如何保持最严格水资源管理制度考核的相对独立性和完整性,尤为重要。

5.4.2.5　高效发挥各职能部门作用

河长制湖长制是涉及山水林田湖草系统治理,一项复杂的系统工程,需要河长湖长统筹,多部门、多系统协同联动,共同推进。在构建河长制湖长制考核体系中,需要充分发挥各职能部门的作用,"让专业的人去做专业的事",形成齐抓共管的良好局面。在河长制湖长制考核方案中,考核指标和工作测评涉及有关职能部门事项由相应职能部门负责设定考核目标、考核评分方法以及年度考核评分,做到分工明确,"谁家的孩子谁抱"。省河长制办公室负责汇总各职能部门的考核评价结果,形成考核最终结果。为发挥省各流域管理机构的监督管理职能,体现广东实施流域管理的特色,省东江、西江、北江、韩江流域管理局作为河长制湖长制考核机构重要成员,参与考核评价立考核权威。省河长制办公室的层面出台河长制湖长制考核年度方案,明确河长制湖长制年度考核事项和评分细则等,强化考核的可实施性和可操作性。党中央、国务院高度重视河湖管理保护工作,将河长制纳入干部考核体系,是全面推进河长制的重大举措,具有重要的导向作用和激励约束作用。建立健全河长制工作考核制度,形成一级抓一级、压力层层传递、责任层层落实、工作层层到位的工作氛围,使河湖长制上下贯通、生根落地。

第6章　各地实践亮点与案例分析

6.1　江西案例

6.1.1　河湖概况

江西境内水系主要属长江流域,占97.4%。拥有全国最大的淡水湖泊——鄱阳湖,流域面积16.22万 km^2,其中15.67万 km^2 位于江西省境内,占整个流域面积的96.6%。全省流域面积10 km^2 以上河流有3 771条,河流总长约18 400 km,赣江、抚河、信江、饶河、修河五大河流分别由西南(赣江、抚河)、东南(信江)、东(饶河)、西北(修河)经七个河口汇入鄱阳湖,由湖口单个控制口注入长江,形成一个完整且相对封闭的鄱阳湖水系。其他水系主要有:直入长江的南阳河、长河、太平河、太泊湖等,长江段有152 km;渌水、草水等,流域面积约2 034 km^2;寻乌水、定南水等,流域面积约1 841 km^2。全省境内河流水域均实施了河长制,其中,流域面积50 km^2 以上的河流967条,常年水面面积1 km^2 以上的湖泊86个。多年平均年降水量1 638 mm,居全国第4位;多年平均水资源总量1 565亿 m^3,人均水资源量3 557 m^3,均居全国第7位。全省水功能区水质达标率常年稳定在80%以上,主要城市饮用水水源地水质达标率100%,均明显高于全国平均水平。

江河湖泊是洪水的重要通道、水资源的载体、人类生存的基础及生态环境的重要组成部分。江西水系发达,河湖众多,水资源是江西经济社会可持续发展的最优势资源。但目前江西河湖保护管理仍存在诸多不容忽视的问题,一些地方侵占河湖岸线、非法采砂、局部河湖水体污染和水域环境恶化,直接影响人民群众生产生活和经济社会可持续发展,不适应生态文明建设和经济社会发展需要。加强河湖保护管理、落实最严格水资源管理制度、防治水污染、保护水环境、改善水生态、充分发挥水资源优势是江西推进河湖保护管理体制改革的一项重要任务,是江西生态文明建设的重要内容,是江西促进经济社会又好又快的发展、建设美丽江西的必然要求。2015年11月10日,江西省政府新闻办与省水利厅联合举办江西实施"河长制"新闻发布会,全省实施各级党委和政府主要领导分别担任"总河长""副总河长"的"河长制"。

6.1.2　存在问题及分析

6.1.2.1　存在主要问题

1.水污染问题

目前,江西河湖水质下降趋势仍未得到有效控制,鄱阳湖水质从20世纪八九十年代以Ⅱ类为主降到21世纪以Ⅲ、Ⅳ类为主,乐安河等局部河段甚至出现Ⅴ类、劣Ⅴ类水体污染问题。追根究源,一是采矿、冶炼、化工、电镀、电子、制革等行业快速发展,民用固体废弃物的不合理填埋和堆放,导致各种重金属污染物源源不断进入水体;二是大量工矿企业或工业园区分布在河湖周边,各类污染源大多未得到有效治理,导致工矿业污水违规排放问题突出;三是大部分农村和城镇地区基础设施建设落后,缺乏污水收集和处理系统,导致生活和人畜禽污水随意排放现象严重;四是农业种植中农药、化肥和除草剂使用量越来越大,加上不合理施用,利用率低,导致地表水和地下水不同程度污染;五是养殖业飞速发展,河湖水面集约化养殖不断扩大,养殖过程中饲料投喂、药物使用不规范现象严重,导致面源水体污染。

　　2.侵占河湖、挤占岸线问题

　　由于土地资源使用受到严格监控,不少地方开始"向河湖要地",乱搭乱建乱围、违法占用水面的现象时有发生;一些地方在开发建设中,图省事省钱,遇水就填埋,遇河就筑坝,打乱了水系,隔断了河湖连通,严重破坏河湖功能;在一些河流和平原湖区,当地群众挤占行洪河道和压占防洪大堤建房,威胁防洪安全;鄱阳湖区违法围堰、种树等现象屡禁不止,影响鄱阳湖湿地功能和生态环境,甚至引发当地社会矛盾纠纷。

　　3.乱倒乱弃问题

　　一是沿河两岸农村及城郊接合部,缺乏完善的垃圾收集、处理设施和系统,周边居民和工矿企业为图一时方便,将大量的生活、工矿业和建筑垃圾无序堆放在河湖两岸,甚至直接向河湖倾倒,致使淤积严重。二是随着经济社会的快速发展,跨河湖公路和桥梁、临河湖码头和道路等涉河建设项目随之增多,施工过程中大多直接将废渣废料倾倒进河湖,项目完工后,对河湖内的废渣废料及一切有碍行洪的临时工程设施进行彻底清除的要求置若罔闻,造成河床抬高,严重影响了行洪和水生态环境。

　　4.非法采砂问题

　　一是少数单位和沿河村庄借工程建设之名,未经行政许可,违法偷采偷运河湖砂石资源,导致监管任务繁重、难度大、阻力大。二是个别采砂业主置禁采区、禁采期、可采深度规定于不顾,在河湖堤坡脚、河湖桥梁桥墩、拦河坝等跨河建筑物安全保护范围内乱采滥挖,造成基础设施严重受损,河床下切、岸坡失稳,特别是在河湖险段和近岸采砂,更易引起河势不稳、冲淤失衡、岸坡变陡、崩岸塌坡、改变河势等现象,严重影响河湖工程设施安全运行。三是河湖采砂废弃料随意堆放,造成原本平坦的河湖满目疮痍,封堵问题严重,破坏了河湖生态功能,严重影响了河湖行洪和通航功能。

6.1.2.2　原因分析

　　随着江西经济社会的快速发展,人们生产生活方式随之改变,河湖的运输功能、灌溉作用逐渐消退,人们对河湖的依赖性也随之降低,对河湖的保护意识日趋淡化,向河湖要地,乱搭乱建、乱围、违法占用水面,工业矿山、农业面源、城乡生活等污染物乱倒、乱弃、乱排,导致水污染、侵占河湖、挤占岸线、非法采砂、水环境恶化等问题出现。虽然法律法规规定水行政主管部门是河道的主管机关,但河湖的水质、水量、水环境、水功能及河道、航道、水污染、河湖岸线建设分属不同的职能部门,部门间权责不清、行政职能交叉,属"多龙管河(湖)"。出于利益驱动,在河湖保护管理和执法过程中,互相扯皮、推诿,流域、区域、部门间缺乏统一调度和协调机制,难以形成执法合力,使河湖保护管理一直处在"大家都管,大家都不管"的无序状态。如鄱阳湖"斩湖"问题,主要是湖区采用传统矮围捕捞,与防洪蓄滞洪无关,如由水利部门一家处理,显然不合适。

6.1.3　运用措施手段

6.1.3.1　规划引领,明确范围

2017年年底,在全部河流水域实施河长制的基础上,组织完成全省流域面积50 km²以上967条河流和常年水面面积1 km²以上86个湖泊的省、市、县河湖名录编制工作,完成了"五河一湖一江""一河一策"方案编制工作。随后省河长办印发"一河一策"编制指南,并通过视频会议对全省进行专门布置。市、县两级结合实际,按期推行"一河一策"编制工作。

6.1.3.2　落实机构,保障经费

县级以上均在水行政主管部门设立河长办并落实工作人员和办公场所,全省积极落实经编办批复的工作机构、专职副主任和人员编制;省、市、县三级财政结合实际,安排落实河长制专项工作经费;各地通过整合项目资金、社会资本参与、金融机构支持,加大对河湖管理与保护特别是流域生态综合治理项目的投入。

6.1.3.3　强化督察,专项推进

省、市、县按照河长制相关监督检查制度要求,积极开展对下一级河长制工作情况的监督检查工作;省人大常委会将河长制纳入环境保护重点工作内容,省政协连续两年开展"河长监督行"活动,对河长制工作落后地方和存在问题较多地方进行监督;省水利厅、省河长办针对工作方案出台、工作机构落实、"一河一策"编制、打造河长制升级版等工作,组织河长制工作的督导调度和专项检查;省河长办组织相关省级责任单位开展"清河行动""消灭劣Ⅴ类水"等工作的专项督导;水利厅将河长制纳入防汛、水利建设督导检查内容。

6.1.3.4　制定办法,考核问责

江西省将河长制纳入最严格水资源管理制度考核、水污染防治行动情况考核、省政府对市县科学发展综合考核评价体系和生态补偿考核机制,以及省政府对省直部门绩效考核体系,并将各级河长履职情况作为领导干部年度考核述职的重要内容;明确将河长制工作责任追究纳入《江西省党政领导干部生态环境损害责任追究实施细则(试行)》执行,对违规越线的责任人员及时追责。

6.1.3.5　积极宣传,形成合力

在省、市、县、乡举办河长制培训班,提高河长制工作人员的管理能力和工作水平;通过省河长办进党校、进高校、进讲堂等各类活动,开展讲课交流;邀请媒体深入基层采访,充分利用各类媒体加大宣传;各级开展生态文明建设"进园区、进社区、进企业、进农村"宣传活动及河长制公益宣传,开展中小学生河湖保护管理教育知识进校园活动,增强中小学生的河湖保护及涉水安全意识。

6.1.3.6　公开信息,接受监督

借助报纸、电视、网站等多种方式对河长名单予以公告,并向社会公布投诉举报平台和举报电话,帮助人们了解河长制、监督河长制;及时报送信息,省河长制办公室(或党委、政府确定的牵头部门)每两月将贯彻落实进展情况报送水利部及生态环境部。

6.1.4　取得成效

　　珠江流域东江源区是珠江三角洲和香港地区的饮水水源,属东江秋香江口以上水资源三级区,涉及江西赣州市寻乌、安远和定南、龙南、会昌5县,有寻乌水和定南水两大水系,如图6-1所示。划有寻乌水赣粤缓冲区、定南水赣粤缓冲区2个省界缓冲区,均为国控水功能区,分别设有相应的出境水质监测断面寻乌斗晏与定南长滩,基本情况如表6-1所示。

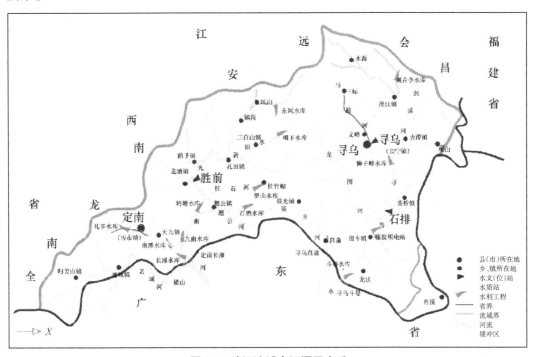

图6-1　珠江流域东江源区水系

表6-1　珠江流域东江水系江西片赣粤省界缓冲区基本情况

水功能区名称	水系	河流	范围		长度/km	水质目标
			起始段面	终止断面		
寻乌水赣粤缓冲区	东江	寻乌水	江西省寻乌县与广东省龙川县交界处上游10 km	江西省寻乌县与广东省龙川县交界处下游10 km	20	Ⅲ类
定南水赣粤缓冲区	东江	定南水	江西省定南县与广东省龙川县交界处上游10 km	江西省定南县与广东省龙川县交界处下游10 km	20	Ⅲ类

6.1.4.1 出境水质达标率变化

从2013~2017年实测数据分析,按监测频次统计2个出境断面水质达标率,如表6-2所示。

表6-2　2013~2017年东江源区出境水质不同类别达标率变化比例　　　　%

年份	寻乌水赣粤缓冲区					定南水赣粤缓冲区				
	Ⅰ~Ⅱ类	Ⅲ类	Ⅳ类	Ⅴ类	劣Ⅴ类	Ⅰ~Ⅱ类	Ⅲ类	Ⅳ类	Ⅴ类	劣Ⅴ类
2013	41.7	25.0	0	8.3	25.0	25.0	41.7	25.0	8.3	0
2014	41.7	33.3	25.0	8.3	0	8.3	33.3	33.3	16.7	8.3
2015	25.0	58.3	16.7	0	0	58.3	25.0	16.7	0	0
2016	50.0	41.7	0	8.3	0	41.7	58.3	0	0	0
2017	75.0	25.0	0	0	0	91.7	8.33	0	0	0

寻乌水出境断面水质达标率由66.7%上升至100%,呈逐年递增;2014年后没有出现劣Ⅴ类水,2017年水质全达标,优良水质达标率为75.0%。

定南水出境断面水质达标率由41.7%上升到100%,相比2013年,2014年水质略有下降,Ⅳ类、Ⅴ类及劣Ⅴ类均增加了8.3%。但在2016后出境断面水质达标率为100%,2017年优良水质达标率上升到91.7%。

依据2020年6月最新发布的《2019年江西省生态环境状况公报》监测数据显示:江西省主要河流断面水质优良比例为98.9%,其中赣江、抚河、信江、修河和饶河五条主要河流断面水质优,基本消除了Ⅴ类、劣Ⅴ类水质,基本集中在Ⅱ类、Ⅲ类水质区间(见表6-3);主要湖库水质优良比例为28.6%,柘林湖水质优,鄱阳湖、仙女湖和其他湖库水质轻度污染。从优良水质比例来看,江西河流健康水质情况较好。主要河流基本没有出现蓝藻富营养化、河流表面大量漂浮物等情况。

表6-3　江西省主要河流断面水质状况比例*

河流	Ⅰ类水	Ⅱ类水	Ⅲ类水	Ⅳ类水	Ⅴ类水	劣Ⅴ类水	水质优良比例
赣江	—	87.4%	10.9%	1.7%	—	—	98.3%
抚河	—	81.0%	19%	—	—	—	100%
信江	—	97.1%	2.9%	—	—	—	100%
修河	6.1%	86.6%	6.7%	—	6.7%	—	93.3%
饶河	—	90.5%	9.5%	—	—	—	100%
长江九江段	—	92.9%	7.1%	—	—	—	100%
袁水	—	82.4%	17.6%	—	—	—	100%
萍水河	—	63.6%	27.3%	9.1%	—	—	90.9%
东江	—	100%	—	—	—	—	100%

注:*数据来源于2019年江西省生态环境状况公报。

6.1.4.2　出境水质主要污染因子趋势变化

选取 2013~2017 年 5 年溶解氧、高酸盐指数、五日生化需氧量、氨氮、总磷、氟化物、化学需氧量、总氮等 7 个主要污染因子监测资料对两个出境水质断面进行水质变化趋势分析，砷、汞、镉、六价铬、铅、硒、氰化物、挥发性酚、石油类、锰、铜、锌、阴离子表面活性剂、硫化物等 14 个未测出指标未进行统计分析，结果如表 6-4 所示。

表 6-4　2013~2017 年东江源区出境水质主要污染指标趋势变化

出境断面	水质项目	浓度中值/mg/L	浓度变化趋势/mg/L	变化率/%	显著水平/%	评价结论
寻乌斗晏	溶解氧	6.50	0	0	35.02	无明显升降趋势
	高锰酸盐指数	1.60	0.03	1.56	21.93	无明显升降趋势
	五日生化需氧量	3.00	0	0	88.16	无明显升降趋势
寻乌水赣粤缓冲区	氨氮	0.53	−0.09	−16.37	9.09	显著下降
	总磷	0.03	0	0	9.83	显著下降
	氟化物	0.28	−0.01	−3.57	10.14	无明显升降趋势
	化学需氧量	6.00	0	0	70.52	无明显升降趋势
定南长滩（定南水赣粤缓冲区）	溶解氧	6.50	0.02	0.38	83.03	无明显升降趋势
	高锰酸盐指数	2.00	−0.07	−3.33	1.72	显著下降
	五日生化需氧量	2.60	0	0	77.34	无明显升降趋势
	氨氮	0.52	−0.13	−25.35	0	高度显著下降
	总磷	0.03	0	0	1.51	显著下降
	氟化物	0.21	−0.01	−6.35	31.61	无明显升降趋势
	化学需氧量	8.00	0	0	59.84	无明显升降趋势

（1）寻乌水赣粤缓冲区：总磷、氨氮 2 个污染指标呈显著下降趋势，其他 5 个指标无明显升降趋势，上升趋势综合指数 $WQTI_{UP}$ 为 0，下降趋势综合指数 $WQTI_{DN}$ 为 0.29，$WQTI_{UP} < WQTI_{DN}$，表明近 5 年寻乌水出境水质趋于好转。

（2）定南水赣粤缓冲区：高锰酸盐指数、氨氮 2 个污染指标呈下降趋势，氨氮呈高度显著下降趋势，其他 4 个指标无明显升降趋势，污染指标变化上升趋势综合指数 $WQTI_{UP}$ 为 0，下降趋势综合指数 $WQTI_{DN}$ 为 0.43，$WQTI_{UP} < WQTI_{DN}$，表明近 5 年定南水出境水质趋于好转。

（3）东江源区出境断面：总磷、氨氮、锰酸盐指数 3 个污染指标浓度呈下降趋势，溶解氧、五日生化需氧量、氟化物、化学需氧量 4 个污染指标无明显升降趋势，砷、汞、镉、六价铬、铅、硒、氰化物、挥发性酚、石油类、锰、铜、锌、阴离子表面活性剂、硫化物等 14 个指标未测出。上升趋势综合指数 $WQTI_{UP}$ 为 0，下降趋势综合指数 $WQTI_{DN}$ 为 0.36，表明近 5 年东江源区出境水质整体状况趋于好转。

6.1.4.3　出境水质特征污染物变化

2013~2017 年水质监测成果分析，氨氮为东江赣粤省界水体特征污染物。东江寻乌水赣粤缓冲区、定南水赣粤缓冲区氨氮 5 年平均浓度值分别为 0.748 mg/L、0.649 mg/L，超标频次分别为 20.0%、21.7%，集中在 2013~2015 年间。2016~2017 年定南赣粤缓冲区出境水质不同水期氨氮浓度值均为Ⅱ类水标准,2017年寻乌、定南赣粤缓冲区出境断面不同水期水质均达Ⅱ类水标准。近5年不同水期氨氮平均浓度值如表6-5所示。

表6-5　2013~2017年东江源区出境水质不同水期氨氮平均浓度　　　　　单位:mg/L

年份	寻乌水赣粤缓冲区			定南水赣粤缓冲区		
	全年	汛期	非汛期	全年	汛期	非汛期
2013	1.26	1.45	1.37	0.790	0.560	1.03
2014	0.780	0.760	0.930	1.16	1.11	1.22
2015	0.610	0.620	0.520	0.520	0.380	0.650
2016	0.650	0.620	0.790	0.330	0.420	0.240
2017	0.440	0.460	0.430	0.440	0.380	0.500
平均	0.748	0.782	0.808	0.648	0.570	0.730

6.1.5　总结经验

6.1.5.1　落实生态文明理念,立足保护优先原则

江西地处长江之南,多年平均降水量1 638 mm,居全国第4位;多年平均水资源总量1 565亿m³,人均水资源量3 557 m³,均居全国第7位。近几年全省地表水监测断面水质达标率稳定在80%以上,高于全国平均水平近20个百分点,主要城市饮用水水源地水质达标率100%,丰富和优质的水资源是江西先天的生态优势。因此,江西省实施河长制立足"保护优先",围绕"一定要保护好,做好治山理水、显山露水的文章"的重要指示,从"立足加快生态文明建设,启动河长制"到"以流域生态综合治理打造河长制升级版",始终坚持"绿色发展"理念,力求走出一条生态文明和经济发展相辅相成的路子。

6.1.5.2　坚持党政领导负责制为核心的责任体系

在由谁担任河长的问题上,江西省不仅实行"行政首长负责制",还坚持"党政同责"。省、市、县、乡行政区域内均由党委、政府的主要领导分别担任总河长、副总河长,实际工作中,各级担任了总河长、副总河长的党政一把手率先垂范,为河长制有力推行提供了根本保证。同时,各设区市、县(市、区)的工作方案和相关制度均以各级党委、政府名义印发出台,提升了全面推行河长制的规格。

6.1.5.3　坚持综合整治和长效管理两个目标一起抓

推行河长制必须坚持"两手抓",一手抓综合整治,一手抓长效管理。两年来,江西省持续开展以"清洁河流水质、清除河道违建、清理违法行为"为重点目标的"清河行动",逐年分阶段地开展以问题为导向的专项整治,梳理问题,明确提出治理目标,明确措施,并将工作任务项目化、项目目标化、目标责任化、责任具体化。近期目标和远期目标一起追求,在内容和实效上下功夫。

6.2 江苏案例

6.2.1 河湖概况

江苏滨江临海,水网密布,河湖众多,全省水域面积 1.66 万 km²,占全省面积的 16.9%。全省村级以上河流超 10 万条,乡级以上河流也有 2 万多条,727 条列入省《骨干河道名录》,137 个湖泊列入省《保护名录》。登记在册的水库有 901 座,其中 49 座为大中型水库。

太湖流域位于我国东部地区,地处中纬度地区,气候受季风影响较大,四季变化明显;地形以平原为主,约占其 4/6 面积,还包括部分丘陵和山地,以及广阔的河湖水域,适于耕作种植,故而自古就有"鱼米之乡"的说法。太湖流域湖泊星罗棋布,水系繁密,水域面积超过 6 000 km²,河湖约各占一半,因此当地经济、民生发展与水资源、水环境等息息相关。太湖是我国第三大淡水湖,流域总面积 3.69 万 km²,从行政区划上来看,太湖流域横跨江苏、浙江、上海和安徽三省一市,为长三角地区的经济社会发展提供了重要的水资源基础。

6.2.2 存在问题及分析

流域防洪减灾能力低。经过多年建设,流域片防洪减灾能力得到一定程度的提高。但与经济社会发展的要求相比,防洪标准依然偏低。由于地面沉降、河道淤积、圩区排涝能力增加等又减少了流域洪水蓄泄能力,相应降低了治太骨干工程和城市防洪工程的防洪标准。另外,随着经济的快速发展,城市化进程加快,中小城镇星罗棋布,保护对象不断增加,保护标准不断提高,防洪战线不断拉长,防洪压力不断加重。流域寸土寸金,到处都既淹不得,也淹不起,遇超标准洪水,回旋余地小,调控能力差。该地区的防洪能力与其重要地位很不相称,流域整体防洪标准亟待提高。

流域水资源调控能力低。流域降水在时间和空间上分布不均,水资源分布和用水需求在时间上、区域上不相匹配,进入 21 世纪以来出现的连年干旱,不论是在太湖还是在浙闽皖地区,都凸显水资源在时间和空间上的调控能力偏低。特别是浙江、福建由于河流中上游水源控制工程少,病险水库多,蓄水能力低,再加之水资源配置的供、引水工程不配套,致使经常出现丰水易涝,枯水则旱,有水难用的局面。如福建水库总库容仅为河流径流的 10.8%。通过治太骨干工程建设,太湖流域在一定程度上提高了水资源调控能力,但由于环湖大堤标准不高,水资源调蓄能力不足,太浦河、望虞河等骨干河道缺乏有效控制,污水排放和引、供水矛盾突出,存在不敢蓄,蓄不住,清污不分,引水难,供水亦难的状况。

流域水资源和水环境承载能力低。①水资源总量不足。太湖本流域多年平均水资源量仅为 177 亿 m³,而流域用水量已达 316 亿 m³,供需缺口较大。随着流域经济社会的发展,用水总量将进一步增加,需从流域外大量调水。②水污染严重。目前太湖流域河流水质全年期综合评价Ⅰ～Ⅲ类水河长占评价河长的 16%,超标河长占评价河长的 84%;太湖虽Ⅱ～Ⅲ类水面积占 92%,但 70% 水体为富营养水平;按水功能区达标分析,太湖流域全年期水功能区河流达标率为 24%。由于水污染严重,上海、嘉兴、无锡等大中城市主要饮用水水源地水质得不到有效保障,呈水质型缺水。③水生态环境堪忧。河网水生态环境遭到严重破坏,平原地区由于地下水超采严重,引发大面积地面沉降。④水资源总量不足,水资源污染严重,水生态环境恶化,用水需求的不断增长,使水资源供需矛盾愈加突出。

缺乏统一的行政区划。太湖水域面积2 450 km²,在行政区划上,分属于三省一市(江苏、浙江、安徽和上海)。目前,太湖水污染防治主要是各个地方各自为营,采取不同的措施,缺乏统一的调度。太湖流域水资源保护局是流域内唯一一个以水资源保护和水污染防治为主要职责的机构,其名义上归水利部和环保总局共同领导,但实际上是太湖流域管理局的一个下属单位,级别低,无法对流域内的水污染治理工程进行协调。

6.2.3　运用措施手段

江苏作为全国经济相对发展较快的地区,在经济快速发展的同时,环境也遭到了很大的破坏。无锡的"蓝藻事件"给江苏人民敲响了警钟,一味地追求经济发展,侵蚀了水资源的承载力,也最终将反过来制约经济社会的发展。因而我们必须要坚持问题导向,把治理水污染落到实处,珍惜水资源,管理好河道。

2007年以前重发展、轻环保的发展理念导致了江苏境内水域水质的不断恶化,威胁到了经济的发展与居民的生活。2007年江苏无锡市在太湖流域首创了"河长制",由党政主要领导人担任河长,协调上下游、左右岸以及各个部门,很好地解决了各个部门分散式的管理体制,同时对河长实行严格考核,水质明显改善。江苏随后在全省推行"河长制"。江苏在"河长制"的实践中不断完善,给全国范围内推行提供了经验。

首先,江苏作为"河长制"的创始地,能够结合当地实际情况,实行一河一策,能够对症下药解决河流治理的困境,同时由党政主要领导人担任河长,能够保障河长制的执行效率;其次,对河长实行严格考核,并且与利益结合起来能够调动行政官员的积极性;最后,"河长制"能够最大限度地吸收公众的力量参与河流治理,既能够保障公众的参与环境保护的权利,也能够提高群众的环境保护意识。希望江苏"河长制"的成功经验最终在全国范围内推广。

6.2.3.1　综合治理

河湖管理是一项综合治理过程,需要构建综合管理机制。每一个官僚组织领域的最重要的特性之一就是其组织的界限模糊,这种模糊性来自现代社会本身复杂的相互依赖性。正是由于河流的治理涉及不同的部门与地域,而我国的行政体制中各个部门是根据单一的职责进行划分的,部门之间少有沟通,在部门权限划分模糊不清时会出现相互推诿的现象,造成河流治理效率的低下。河长通过将各个部门的职权进行整合分配,避免职权规定模糊带来的弊端。同时河长的职责不仅限于河流水质的保障,还需对防洪抗旱、水岸线的维护以及水生态系统的维护负责,这就需要河长协调各个分管部门,搭建沟通和信息共享平台,借助技术手段建立"河长制"管理系统,实时将信息共享。江苏为了信息共享、及时进行信息的交流与监督,建立了"河长制"专用APP,民众与河长之间能够进行信息交流。河长的另一重要作用是进行财政资金的分配和保障,由河长对河湖治理的专项资金进行分配,将其他地区和部门盈余的资金转向需求最为迫切的项目、地区和部门。此外,河长制办公室通过的工作计划,将各个部门的具体权限进行规定,在原本的职权范围内有所变通,优化各个部门在河湖管理方面的职权配置,以保障更高的效率。

6.2.3.2　"一河一策"

江苏地区经济发展不均衡,水质污染情况以及河湖生态系统情况也不尽相同,上游地区通常经济发展较为落后,需要投入的治理力度相对较小,下游地区多为工业发达地区,需制订更为详细和严格的管理方案,对不同的河段进行摸底调查是出台河湖政策的基础。河长在对河湖的水质、岸线现状、水生态系统现状等进行系统调查之后,有针对性地对每一条河流制订一个管理方案。江苏"河长制"工作方案注重从源头治理污染物的排放,在工作方案中重点列出需要整改的企业,并且重点进行监控,逐步推进该地产业结构的转型,从源头上治理污染。

6.2.3.3　严格考核与一票否决

"河长制"的生命力在于其实行严格的考核机制。2007年无锡太湖流域出台的《无锡市河(湖、库、荡、氿)断面水质控制目标及考核办法(试行)》正是从河湖管理体制中的领导考核入手,以对断面水质的考核来作为领导干部的主要考核指标,能够直接影响其晋升与评优考核,能够最为直接地调动领导干部的积极性,从正面激励河长对河流治理采取实质性措施,同时在对河长的考核中规定了"一票否决"的考核制度,对于领导干部未达到河流考核标准的实行一票否决,在工作评定中直接予以否决,这是从反方面给予河长压力,迫使其不得不对河流水域进行有效管理,恢复生态环境。公众的意见也同时成为河长考核的重要来源和依据,对于公众反映强烈的河长,河长制考核办公室将公众的反馈意见作为河长考核依据。

6.2.3.4　注重公众参与

江苏作为"河长制"的率先创始地区,其对公众参与给予了足够的重视,河长办公室对公众意见重视不断加强,并且设立了公众举报平台,公众可以通过网上实时了解河段的治理现状以及各级河长的基本信息,并且可以对河流的管理进行提议,对破坏河流的行为以及河长的履职情况进行举报。信息平台能够最大限度地调动公众参与环境保护的积极性,提升公众的环境保护意识,同时也能够搜集河湖管理中的信息,弥补行政部门在管理中人手不够的局限。另外,江苏通过设立河长公示牌,将河长的姓名、职位、负责河段的长度以及联系方式公示在公示牌上,并且规定河长必须24 h接听群众的举报和监督电话,广泛吸收公众的意见,及时了解河流的状况。公众参与"河长制"的实施能够监督河长的工作,迫使河长积极治理河道,与河长的严格考核有效结合起来,使"河长制"的效力发挥到最大。

6.2.4　取得成效

河长制推行明显推动了水环境治理步伐。以江苏太湖流域为例,从2008年起,江苏太湖流域围绕"规划、目标、项目、资金"四落实,先后编制并实施了三轮15条主要入湖河流综合整治方案。2015年,太湖湖体水质由2007年的V类,稳定改善为Ⅳ类,参考指标总氮为V类,较2007年改善35.6%;太湖富营养化水平由中度改善为轻度;65个国控重点断面水质达标率61.9%,上述各项指标均达到国家太湖流域水环境综合治理总体方案近期目标。河网水功能区水质持续改善,15条主要入湖河流年平均水质全部为Ⅳ类以上,全部消除Ⅴ类和劣Ⅴ类河流(2007年有9条劣Ⅴ类河流)。

6.2.5　总结经验

江苏的河长制实施能够取得实质性的阶段性成效,除让各级党政领导担任河长,负责管理和保护责任河湖外,他们抓住了推行河长制的关键:加强监督问责、完善河长考核体系、加强河长制立法、动员社会力量参与。

(1)强化问责,提升执行力。一是明确问责对象。对在开展河长制工作时存在行政违法行为的国家行政机关和国家公务人员问责。二是明确问责情形。对应当予以问责的情形做出了具体规定。如不重视开展河长制工作,执行河长制不到位,推进河长制工作失误、执行不力、处置不当等。三是明确问责方式。依据情节轻重不同情况,分别采取不同的问责力度,对河长做出如书面检查通报、停职检查、引咎辞职、免职等,涉嫌犯罪的移送司法机关依法处理。

(2)明确考核标准,完善河长制考核机制。全面实施河长制能实现成效,重点在考核。从考核的对象、内容、标准、方式及结果运用五大方面,全面建立河长制的督导检查机制。把考核结果作为地方党政领导干部履职评定、升职任用、奖惩的重要依据,一级抓一级,层层抓落实,压实责任,确保河长制政策出实效。在出现重大水环境污染事件时,直接问责河长,造成生态环境损害的,严格追究相关责任人责任,真正实现"河长制,河长治"的良好局面。

(3)开展河长制立法,明确各级职责,推动水污染防治。通过立法对河长的各项工作都做出了具体规定。一是规范河长职责。对五级河长体系不同级别河长的职责立法做出明确规定。镇、村河长是开展河长制工作的主力军,对他们的职责应做出详细规定。二是规范河长制工作机构职责。明确河长制办公室机构、编制、人员和职能,对河长制工作机构的职责做出具体规定。三是规范河长履职与部门联动机制。明确了执行机构未按河长要求履行职责的行政责任,维护河长履职权威,保证部门联动机制生效。四是规范河长履职与公众参与的联动机制。要河长真正发挥应有的作用,需要公众参与治水工作以及监督河长工作,建立和完善河长信息公开制度,让社会了解不同阶段河长制开展情况,鼓励公众和社会力量,组织参与河长制推行,积极团结各方力量。五是落实河长的考核评估和问责制度。不同级别河长考核要使用不同的考核标准。市、区级及以上河长责任河湖的管理、保护和治理工作,督导本级河段长、下级河长和相关部门认真履行职责,协调解决流溪河治理中的重点难点问题等。镇村基层河长主要负责落实责任河湖的整治与管理工作,组织河湖周边环境巡查和整治,负责或配合河湖整治工程的征地拆迁等。

(4)动员社会力量参与,全面落实社会与政府共治。十九大报告指出要构建政府、企业、社会组织和公众共同参与的环境治理体系。江河湖泊保护管理、保护和治理工作需要在充分调动企业、社会组织和社会公众参与的积极性的基础上,进一步明确各级党委和政府主要职责,积极引导利益攸关方参与。加强宣传工作,江湖健康状况报告委托第三方机构编制,并定期向社会公布。加强组织领导,健全工作机制以及完善监管机制,增强人民群众保护江河湖泊的责任感和参与感,实施共同治理。

6.3　广东案例

6.3.1　河湖概况

广东河流 540 余条(集水面积大于 100 km²),其中独流入海的河流就有 52 条。广东水资源主要依靠降雨,河流水量大且汛期长。如韩江的流域面积仅为黄河的 4% 左右,但多年平均流量超过黄河的一半,汛期则达半年之长。省内有明显的季节变化和年际变化,含沙量少,但输沙总量仍相当可观,西、北、东三江这一带每年都有八九千万吨的泥沙。

珠江是广东最大的河流,其次是韩江、榕江、漠阳江、鉴江以及九洲江等。其中,珠江流域由西、北、东三江汇流而成,缺少统一的发源地以及出海口,通过蕉门、虎门、洪奇沥和横门等八个口门汇入南海。多年来珠江的平均径流量达到了 3 412 亿 m³,是长江的 1/3、黄河的 7 倍,在全国径流总量中占比 13%。韩江是广东的第二大河,在广东省的南部,其上源是汀江和梅江,它们汇合于大埔三河坝,其到河口的距离约 410 km。韩江流域的总面积为 3.01 万 km²,约占广东境内的 65%。在广东的西部,鉴江流域是最大的河流,在信宜山猪坳发源,干流长达 211 km,总的流域面积为 9 445 km²,约 790 km² 位于广东境内。

广东多年来的省平均水资源的总量为 2 130 亿 m³,其中 2 130 亿 m³ 为地表水资源量,545.92 亿 m³ 为地下水资源,526.57 亿 m³ 为两者的重复计算量。除去省内的产水量,源自珠江和韩江等上游水域从邻省入境的水量达到了 2 361 亿 m³。广东省整个水能资源理论蕴藏量为 1 137.2 万 kW,其中 859.45 万 kW 是其技术可开发量。除去这些,有多达 300 多处温泉,日总流量为 9 万 t;有 145 处饮用天然矿泉水,其可采用储量位居全国第一。从以上分析可以看出广东有着丰富的水资源总量,但是存在时空分布不均的现象,也有许多地区明显存在缺水矛盾。加上,广东省并不具备丰富的水力资源,其水力资源的理论蕴藏量只占全国总量的 1.6%,为 1 072.8 万 kW。表 6-6 是广东省的年平均水资源总量。

表 6-6　广东省年平均水资源总量

分区	面积/ km²	地表水资源量/ 亿 m³	地下水资源量/ 亿 m³	地表地下水重复计算量/ 亿 m³	水资源总量/ 亿 m³
西江下游	15 085	123	35.86	35.86	123
北江区	40 894	457	112.35	112.35	457
东江区	24 667	251	67.81	67.81	251
珠江三角洲	31 443	313	78.90	73.40	319
韩江区	20 048	170	43.05	40.20	173
粤东沿海区	13 653	172	43.32	41.15	174
粤西沿海区	31 982	317	85.18	81.20	321
海南岛区	34 104	310	79.22	74.37	315
南海诸岛区	30				
流入湖南省	99	0.89	0.23	0.2	0.89
全省合计	212 005	2 110	545.92	526.57	2 130

由表6-6可以看出,广东省的水资源在时空分布方面存在分布不均的问题,春季和冬季容易出现干旱,夏季和秋季容易出现洪涝。低丘陵区以及沿海台地不具备有利的储水条件,存在突出的缺水问题,典型地区为粤西的雷州半岛。受到城市污水排污的影响,一些河流的中下游河段受到严重污染,导致了水质型缺水问题的出现。

6.3.2　存在问题及分析

6.3.2.1　广东省河长制存在的问题分析

1.“运动式”治理缺乏长效机制

广东省河长制考核办法中,将河长巡河作为重要的考核指标,但结合工作实际来看,河长巡河并不需要大势宣传报道,在实地走一走、看一看获得的调研信息,也未必比查阅水质报告来得更加丰富,巡河作为运动式治理模式的典型表现,具有门槛低、好操作、易宣传的特性,使得基层河长纷纷效仿。水环境治理是专业性较强的工作,各级河长普遍采取非专业的工作手段,治河的成效难有保障。

现有河长制让各级党政主要人员为河湖治理结果负责,此模式的最大优势是能够依靠党政人员的行政权威迅速统筹调配河流治理所需的人、财、物、信息等资源,应对突发公共事件时能够迅速取得成效,其突出优势在于工作时效性,能够使水体污染整治迅速见效,2008年太湖污染危机能够迅速缓解也正是得益于此种工作方式,但我国已逐步进入绿色发展模式,生态效益已成为各级地方政府的长期目标,水环境治理工作的时效性和长效性需要同步考虑,作为一项应对突发状况的应急管理模式,在诞生时并未充分考虑其长期治理效果,目前广东省河长制和国内大部分省份一样,河长体系都以项目式的形态组建,即全省五级河长都是兼职担任,没有专职河长任职。

将广东省目前的河长制治理模式与党内教育活动进行对比后可以发现,两者在主体机构、政策文件、主要做法上都有较大的相似之处,以我国的“不忘初心、牢记使命”主题教育工作和河长制工作进行对比,两者具有较高的相似性,例如在责任归属上,都由党政主要领导人对工作负主要责任;在组织领导上,主题教育期间各级党政机构纷纷成立了主题教育领导小组及其办公室,在全面推行河长制期间,广东省也成立了河长制工作领导小组及其办公室;在工作推进过程中,主题办和河长办都是发布考核评估、工作方案、巡视督察、信息公开等政策文件的主体部门;在具体的工作抓手上,专业性弱、易复制的工作方式是主要的运动形态。党内主题教育无疑是阶段性的,河长制工作由于其参与主体并非常设机构,其治理的长效性也令人忧虑。

广东省目前的河长制工作领导小组是以项目式的组织结构进行组建的,即在原有的政府职能部门分工的基础上,抽调不同职能人员组成领导小组,以此方式获得跨部门沟通和异质性知识结构的优势。在管理学中,项目式的组织结构通常适用于短期且复杂的工作,因此需要从不同的专业职能领域抽调人员组建项目小组应对工作,在企业管理的实践中,项目完成时项目小组通常也相应解散。在公共管理领域,水体生态环境的治理是一个长期且连续的问题,广东省现有的河长制将党政主要负责人作为河湖治理的最终责任人,当出现党政主要负责人职位调动时,河长制工作的连续性也受到挑战,河长制的相关工作思路衔接缺少有效保障,各地市的河长制工作主要依赖于各级河长个人的知识结构和主观意愿,其决策的科学性,工作的主动性和专业性变动幅度较大,长效运行效果缺少保障措施,并且难以依靠专业权威推动工作,当以行政权威推动工作时,下级难免出现应付工作,敷衍了事的情形,在协调项事宜时,也会有不懂专业的行政长官指导专业人员的情况出现。广东省虽然存在生态环境损害的终身追究制,但对河长制工作推行不到位的情况,却没有明确相应的追责办法,目前现有状况为,若踩红线则终身追责,未达高线则模棱两可,对各级河长有问责追责机制,但没有建立相对应的激励奖励机制,河长工作的积极性被削弱。

2.河长制考核机制流于形式

广东省现有的河长制考核内容以结果考核为主,通过指标考核、工作测评和公众评价三种方式进行。在指标考核中,通过对广东省河长制的主要工作任务细化设置二级指标,考核各地市的河长制工作完成情况,其中多项指标以任务完成率的形式设置,如中小河流治理完成率、水土流失治理任务完成率,在考核中没能反映各地市的历史环境情况,指标设置上存在一定的主观性,如广东省西北地区水环境较差,历史欠账多,完成治理任务的难度比珠三角地区更大,如以任务完成率形式进行考核,难免有失客观公允,指标考核的方式若要做到公平公正,则要求省内各地市设置合理的工作指标。工作测评以本级河长自评和上级河长审核的形式进行,在指标设置上,以河长制工作的规定动作为主要依据,例如各级河长每年是否至少完成一次巡河等,以留存资料作为应对上级审核的依据。以先自评后审核的方式进行考核,容易产生形式主义,强调规定动作的完成容易使各级政府疲于应付,注重接受审核的文件资料而无暇顾及河流治理的实际工作。公众测评环节以公众填写网络调查问卷的形式进行,实际测评中多为满分问卷,公众参与考核的形式大于实质。此外缺少对考核结果的实际运用,文件没有明确规定对考核结果不达标的河长采取何种问责办法,考核结果的激励作用不够明显。此外,考核周期与工作周期不够匹配,水质改善是一个复杂且漫长的工作过程,涉及水质的历史现状和人力投入等多种因素,现行考核制度下,考核周期通常为一年,难以体现水质改善的实际成效。目前的考核办法类似于党内专项教育的考核评价,如在我国"不忘初心、牢记使命"主题教育的后期,各级党组织也通过将指标考核、定性评价和民主测评相结合的方式来推进考核工作,同样采用的是先自评后审核的考核程序。河湖水环境治理是专业性较强的工作,应进一步增强考核的专业性和科学性。

3.河长制治理工程监管不力

从微观层面看,广东省水体整治要达到近期"黑臭摘帽"和未来"综合治理"的效果,需要解决内源治理、控制污染源、水务智慧管理、沿岸水生态景观建设、水下生态修复等一系列分项工程,其中任何一项子工程都可能影响整体治理效果,整体工程的承接、协同、统筹的难度较大。从宏观层面看,水体整治工程,尤其是污染已较为严重的黑臭水体整治工程关注度较高,施工河流通常都属于中央督察检查的重点,政治敏锐性和民生关注度较高,导致此类工程工期通常较短而投入较大,此外,通常污染河流的周边用地侵占严重,存在违规排污建筑,进行水体整治需要先征拆违规建筑,工作量较多。再次,存在重复施工现象,如广东省中山市部分污染水体已经进行过沿河截污的整治工程,在河长制全面推行后,完工河段被纳入河流流域进行综合规划,存在"返工"的现象。面对复杂工程时,河长在现行体系下的协调压力较大,推进工程的实际进度还不理想,仍以广东省中山市为例,中山市人大常委的调研结果显示,中山市沙溪、大涌、南区、五桂山等几个镇区的黑臭水体招标投标工作早在2018年年底就已完成,但到2019年中旬调研时,得出的结论却是全市黑臭水体整治工程进度滞后,整体治理效果不明显,排污口管控和污水收集处理的治理效果还欠佳。中山市人大常委指出,中山市各镇区的属地管理责任还没有有效落实。

污染河流施工属于新兴工程,但由于此类工程国内各地区都缺乏成熟的案例,政府各职能部门对此类工程的管理经验还较为缺乏。由此可见,项目虽已中标,但仍然面临着融资不顺、管理经验不足、工程进度落后的困难,广东省河长制工作要达到防治水污染、修复水生态的目标,水体综合整治项目的顺畅推进是必须面对的问题。

4.政府间跨部门沟通不足

水资源治理是复杂的公共事务管理活动,涉及的政府部门众多,一项政策的制定往往就需要多个部门联合参与,工作的系统性较强。如广东省河长办在推进省内"一河一策"实施方案的过程中,水污染防治的相关政策就需要环保、水利、住建、海洋渔业等部门的共同参与,而在制定水安全保证的政策时,又要国土、气象等部门参与进来,在相关政策的制定上,参与主体多且分散,由于高度专业化的部门分工,各个部门在政策制定的过程中都拥有各自的专业权威,部门各自为政的局面使得政策制定时存在一定的博弈关系。同时,由于我国政府部门的政策制定和执行通常是一体化的,各部门在制定政策的过程中,会从部门利益角度出发,导致整体政策的目标存在差异,部门之间异质化的知识结构也容易产生认知分歧,使得对同一公共事务问题会产生不同的观点和看法,即便有上级河长从中进行协调,但由于缺乏专业权威,各部门之间也很难达成一致,使得政策表述不够清晰,政策目标也较为笼统,政策制定构成了一定的挑战。

现有的河长制下,党委和政府的职能在一定程度上重合交叉,在我国不同省份,党委主要领导人和政府主要负责人担任河长的情况均有出现,也有部分省份由党委和政府负责人同时担任总河长。基于我国国情,以党政为主导的国家治理模式是必要且可行的,但党政应有合适的职能分工。具体在河长制情景中,党委应侧重于流域治理的战略层面,发挥领导作用,从繁重的河长制日常工作中脱离出来,制定河湖流域治理的目标和方针政策,选拔和推荐各级政府优秀人才担任河长,政府则专注于河湖治理政策的执行层面,接受党的领导,使用行政权力,并对河湖治理的成效负执行责任,党委应加强与社会公众的协同联系,共同组成河长制的监督体系,在党委领导下对河长工作进行考核评估。现有的河长制由各级党委和政府一起对河湖治理工作负主要责任,党政职能缺少分工协作,降低了执政效力,使党政主要负责人陷入日常事务性工作中,对跨省流域的综合整治工作心有余而力不足。

在政策执行上,我国虽然在近年来逐渐推行综合执法的行政改革,但主体上看,政府部门的专业化执法依然是我国行政执法的主要表现形式。在政策的执行过程中,市政、交通、环保、环卫、文化等执法权限均与水环境治理高度相关,但行政执法权限却被分散在众多的基层执法部门中,基本上每一个基层政府部门都有自身的行政执法人员,各部门的行政执法权限也存在重叠交叉的现象,重复执法、交叉执法的现象仍然在一定程度上存在。通常来说部门内的执法人员主要关注自身部门的执法情况,对其他水环境治理参与部门的执法情况不甚重视,这削弱了政策执行过程中的协同作用。

6.3.2.2　广东省河长制存在问题的原因分析

1.人治作用突出,河长工作负荷较大

从河长制的内涵中可以发现,河长的设立依靠的是行政命令而非专业能力,河长依靠自身的行政地位进行水环境管理,推进相关工作,具有典型的人治色彩,河湖管理工作体现着河长个人的工作作风和工作能力,在应对突发状况时,河长为了应对公共危机会倾注更多资源和精力在河湖管理中,在短期内通常都能够达成工作目标,但长期来看,河长个人精力和能力是有限的,长期将精力投入河湖管理中势必会顾此失彼,综合来看,河长的工作既要协调好本级政府众多部门的工作,又需要对上下级河长进行汇报和指导,无疑给本身就承担了地方建设改革发展重担的各级党政领导者更大的压力。类比来看,河湖管理问题需要设立河长,那林地管理则可相应的设置林长,自然资源管理则可相应地设置矿长,党政一把手即便能力再强,恐怕也只能应接不暇。

由于专业知识不完备,在工作实际中,也难免会发生外行指导专家的现象,河长在缺乏专业知识,公务缺少实地调研的情况下,有时只能依靠个人主观判断进行决策,如果没有适当参谋人员的参与,决策的科学性和有效性都要大打折扣。当前体系下各级河长的一项主要工作就是协调各政府部门的工作开展,在当前协同治理缺乏法制建设的背景下,协调工作主要依靠各级河长的行政命令来推行,行政上的干预会影响各政府部门原有的工作机制,优先处理河长指定的工作任务,在工作的推进力度上,由于河长制定的决策没有经过系统论证和充分宣导,专业人员对河长的决策可能存在一定的抵触心理,不利于基层工作人员主观能动性的开展。在人治背景下,基层河长由于缺乏足够的权利影响力,在协调各部门工作开展的过程中就难免发生推进不力,其他部门应付了事的情况。

2.公众参与度较低

公众参与是环境保护工作的重要原则之一,也是环境管理中行之有效的制度保障,广东省河长制主要通过三种途径加强社会监督:一是通过报纸、杂志等主流媒体和微信、微博新媒体向社会公告各级河长的名单,发布河湖管理保护相关信息,并通过微信公众号更新河湖状况。二是在河段设置公示牌,公布监督电话。三是聘请社会组织对河湖生态保护效果进行监督。可以发现,目前广东省河长制中,公众并没有实质上参与到河湖管护的监督管理中,所谓的社会监督更多的是公众被动地接受政府发布的信息,如设置公示牌等。在强调多元共治的背景下,广泛的公众参与是保障社会监督的重要途径,现有制度体制下,社会公众对各级河长的实际工作了解程度有限,民众参与河长制相关工作的热情还不高,在考核评价环节中,也较少参与,没有政策制定的参与权。

另外,广东省河长制公众参与度低还表现在公众的监督意识低,如广东省中山市水体综合整治工程迟迟不能开工,一个重要原因就是大量的公众侵占河道,违规搭建沿岸建筑等情况,社会公众在面对这类违规违法、破坏水资源生态环境的行为时,很少有人进行检举和上报,这反映了公众参与意识的不足。水环境治理的最终受益人是公众,但公众对水环境治理的政策制定和执行情况往往漠不关心,当政府因治理河道而影响居民出行时,公众有时还会对政府的行动表示反感,体现了公众主体意识的缺失。公众本应作为政府工作绩效的重要考核主体,缺少必要的社会监督使得广东省河长制的考核工作流于形式。

3.企业参与度低

从广东省河长办发布的系列文件来看,企业在水环境治理中发挥的作用严重不足。企业排污是河湖污染的重要原因之一,广东省对企业主要以监管为主,未能充分调动企业家的环境保护意识,企业主动作为缺少有效激励。广东省以行政管制作为主要的管理模式,通过行政命令、专项检查行动等规范企业的外在行为边界,并辅之以相关税费等经济手段,限制企业的排污行为,对企业主动担当社会责任的激励作用还不够明显。单一的管制手段只能在有限范围内减少企业的排污行为,在管制模式下,企业与政府始终处于利益博弈的对立面,对抗性的管制手段一方面难以有效解决问题,企业终会想方设法与政府斡旋,另一方面也加大了政府的监管成本,基层执法部门在缺少人、财、物资源的基础上只能依靠突击检查遏制企业排污行为,专项行动过后,一旦缺乏有效监管,企业还是会继续排污。在经济手段上,由于税费、融资利率等经济治理工具需要依据客观的环境信息数据来确定,在缺少有效数据的情况下,以经济手段对企业进行水污染治理也缺乏成效。

广东省大量企业与政府没有建立关于水污染治理的协调机制,如对河长制的考核评价中,无论是作为考核主体还是被考核对象,都没有为企业开辟途径参与到水环境治理中,企业主动作为的可能性似乎被政府忽视了。企业在水环境治理中的自主意愿较低,常见的参与方式主要有两种:一是作为经济主体参与到水资源的综合治理工程中;二是作为被管制对象列入政府的管制范围,如广东省在2018年对"散乱污"企业进行重点整治,对高污染企业产能和排放进行严格控制,清理退出高污染企业等,企业作为水环境管理中的被治理的对象而存在。事实上,企业应该作为河长制协同治理的参与主体存在,在政策制定、治理成效考核中应为企业保留适当的发言权,鼓励企业自主承担社会责任。

4.河长制信息化保障措施不足

广东省在全面推行河长制过程中依靠"互联网+河长制"取得了一定的治理成效,如依托微信公众号和小程序,实现河道巡查信息公开透明,并给予社会公众参与河湖治理监管的渠道;利用无人机进行河道巡查等。但总体来看,河湖治理的技术手段专业性还不强,公众使用微信小程序进行河湖监管的效果还不够理想,河湖治理的互联网工具更多利用在对河湖流域的巡查巡视中,事实上,除巡查巡视外,河湖水环境治理还包含了水体检测、水生态评估、污染处理技术、污染控制技术、生态风险预警技术等一系列技术,将各项技术指标在各政府部门、企业、社会组织间进行实时共享,更有助于降低治理交易成本,提升协同效应。

目前来看,社会公众除各级河长的巡河报道外,对河湖的治理工作成效还缺乏有效的信息获取途径,在信息不对称的情况下,其他协同治理主体的决策和行为可能偏离预设方向,损害治理的成效。以广东省对一般市民开放的"广东智慧河长"微信公众号为例,在公众号的功能模块中,包含了河长动态、河湖信息和投诉建议三类功能,社会公众可以自主对相关信息进行查询,但是本研究在实际使用公众号后,发现部门功能名不符实,如在查询河长工作动态和实施方案时,公众号一直显示正在查询中,无法查询到任何实际内容;查询水质信息时,系统则直接显示查询结果失败,目前使用的"广东智慧河长"公众号缺少相关人员进行维护,部门重要功能缺失,在信息发布上,河长的工作动态也经过政府初步筛选,不利于发挥公众的监督职能。在投诉功能中,公众号设计了关于河湖杂物漂浮、污水排放、水体水质、沿岸损毁等不同的投诉内容,但由于平台缺乏维护,投诉功能在使用时要等待很长时间,并且会获取投诉者的当前地理位置,在无法做到匿名投诉的情况下,市民对河湖工作进行投诉的主动性将大大降低,不利于该平台发挥自身应用的功能。

6.3.3 运用措施手段

6.3.3.1 河长纷纷巡河履职

河长巡河是河长制赋予各级河长的一项重要职责,也是落实河道长效管护机制的重要环节。河长制建立以来,全省各级双总河长带头深入一线,现场督办重点河流污染整治工作,省第一总河长和省总河长分别牵头督办全省污染最严重的茅洲河、练江污染整治工作。省级流域河长通过巡河督导等形式,督促东江、西江、北江、韩江、鉴江五大流域河长制任务落实。各地各级河长通过巡河督导、明察暗访、召开会议、签发河长令等方式积极履职,层层抓落实,全省河长巡河已经进入常态化。

6.3.3.2 部门协同推进各项工作

为集中破解河湖管理保护突出问题,省河长办各成员单位紧盯薄弱环节,协同推进重点难点工作。省委农办积极推进农村人居环境综合整治,粤东西北已基本完成"三清三拆三整治";省国土资源厅全力做好河湖治理项目用地保障工作,协助划定生态保护红线;省环境保护厅积极推进饮用水水源一级保护区内违法建设项目和建筑清理工作;省住房城乡建设厅加快推进生活污水处理设施及配套管网建设;省水利厅加大中小河流治理力度,近5年全省累计完成治理河长9 254 km,加快编制河道水域岸线保护与利用规划;省农业厅实施化肥使用量零增长行动和农药使用量零增长行动;省林业厅推进水源涵养林保护、林业生态红线划定及湿地保护体系构建等工作;省交通厅、广东海事局深入开展船舶与港口污染物接受转运及处置专项整治行动、船舶生活污水排放专项治理行动等。

6.3.3.3 监督检查常抓不懈

省委、省人大、省政府、省政协高度重视河长制湖长制工作,省委、省政府督察室会同省直有关部门赴练江等重点流域督导水污染治理落实情况;省人大多次开展水污染治理考核断面未达标情况及黑臭水体整治情况专题督察;省政协积极发挥参政议政作用,助力水污染防治。省河长制办公室开展强力全覆盖督察,对各地市、县、镇数十条河流进行暗访,并指导全省各地市开展一次全覆盖督察。省环保、住建、水利、农业等部门结合流域污染源专项排查、黑臭水体督察、最严格水资源管理制度考核、入河排污口清理整治、畜禽废弃物资源化利用督导等工作,多次开展实地督察。

6.3.3.4 考核问责发挥效力

为了让制度长出"牙齿",省河长制办公室推动将最严格水资源管理和水污染防治行动计划的考核纳入河长制考核体系,并在领导干部自然资源资产离任审计中,重点关注河长制、湖长制等工作,严格实行生态环境损害责任终身追究制。省纪委切实担负起生态环保领域问责的政治责任,查处了一批在水污染防治工作中慢作为、不作为、乱作为等失职失责问题。广州、汕头、佛山、江门等地市已先行启动考核问责。佛山市纪委监督河长制动真格,查处南海区大布涌不履职、不尽责、不作为和监管不力的镇总河长、各级河长及相关责任人共16名;江门市累计对河长制任务推进不力的3位镇级河长就地免去行政职务。

6.3.3.5　实施专项行动

2017年,各市坚持问题导向,因地制宜开展专项行动,广州市全面开展洗楼洗管洗井洗河行动,大力整治河涌沿线区域的涉水"散乱污"企业和黑臭河涌排污口,强力拆除河涌边违法建设,有效改善了河涌水环境;茂名市制定了"清河行动"实施方案,明确结合河长制工作主要任务,开展12个专项整治行动;江门、揭阳、汕尾市从水浮莲清理大作战入手,大力整治水上植物污染,提高行洪安全保障能力。在此基础上,省第一总河长和总河长在2018年共同签发省总河长令,在全省统一部署开展"五清"行动,即清理非法排污口、清理水面漂浮物、清理底泥污染物、清理河湖障碍物、清理涉河湖违法违建,力争到2019年年中基本实现主要江河湖库无非法入河排污口、无成片垃圾漂浮物、无明显黑臭水体、无人为行洪障碍体、无违法违规建(构)筑物。

6.3.3.6　积极动员社会力量

广东省河长制办公室及各地坚持"知河"与"治河"同时发力,广泛发动公众加入护河队伍,多渠道加强宣传,在主流媒体开设专栏,组织省、市、县三级河长办集体入驻新媒体平台,推出"广东河长·广东江河水深调研"大型系列报道,开展党员认领河湖、河湖问题"随手拍"及骑兵巡河等多种形式的爱河护河主题活动,并开展"护河志愿者"招募工作,推动河长制湖长制进企业、进校园、进社区,涌现出一批党员河长、企业河长、巾帼河长、河小青等"民间河长"。

6.3.4　取得成效

6.3.4.1　提前完成规定任务

严格按照水利部、生态环境保护部"四个到位"要求,提前实现全面建立河长制的阶段目标,即省、市、县、镇四级工作方案已全部出台。组织体系和责任落实到位。各级总河长及省主要河流(流域)分级分段河长全部到位,各级河长巡河履责全面开展,河长巡河发现问题、解决问题、督察任务落实基本实现常态化。同时,省、市、县、镇四级分别设置河长制办公室,河长制的主要任务分解落实到各个责任部门。相关制度和政策措施到位。中央明确要求建立的河长会议等制度各级已要求全部出台,并结合实际出台河长巡查等制度。监督检查和考核评估到位。各级河长办已开展两次以上监督检查,并完成验收和评估工作。

6.3.4.2　河湖水质持续改善

全省城市集中式生活饮用水水源100%达标;全省水质优良率为81.7%;243个黑臭水体已有191个完成整治工程,达到了国家"初见成效"的要求;新增城市污水管网5 949 km、城市污水处理率为94%。

推行河长制后,广东全省各地市水环境治理都取得了一定成效,如广州在地级及以上城市国家地表水考核断面水环境质量排名中,从倒数第11名提升到倒数30名以外,水环境质量明显改善,2017~2018年间,广东全省243个黑臭水体已完成整治191个,城市污水处理率达94%,城市集中式生活饮用水水源达标率高达100%,重要水功能区水质达标率也达到了80.33%。全省在治污攻坚方面的态势良好,增加了3个全省地表水优良国考断面,减少了4个劣Ⅴ类断面,有5个劣Ⅴ类断面中的4个在2019年12月被监测为Ⅴ类。广东省水利厅发布的水资源公报数据显示,在监测评价的河流中,监测结果为优良的水质河长占 79.4%;粤西诸河等四条水系的监测结果良好,优良水质河长比例超过 80%,监测结果为优良的水库比例接近九成,达到 87.9%。广东省河长制工作在第三次全国河长会议上得到水利部的充分肯定,被国务院点名表扬,充分肯定了广东省河长制工作取得的成效。

6.3.4.3　水安全保障能力显著提升

自 2013 年实施中小河流治理以来,截至 2017 年年底,累计完成 8 618 km 中小河流治理。其中,山区 5 市中小河流治理项目累计完成 6 578 km。山区 5 市因暴雨洪水灾害造成的人员伤亡和经济损失数量与多年平均相比,分别下降了 80% 和 40%。

6.3.4.4　水环境治理稳步推进

划定水源涵养林 3 651.26 万亩,新增湿地公园 34 个;全省村庄保洁覆盖率达 99.35%,建设绿化美化村庄 1 653 个。

6.3.5　总结经验

广东省推行河长制以来积累了一定的经验,在河长制实施方案制订、配套制度建设中有一些创新设想。推进人大常委会监督河长制实施的地方立法、鼓励和保障村级河长和民间河长参与河长制的实施、规划河长制实施的考核督察机制、确立河湖统一的整体性生态保护理念在河长制实施中的指导地位,是广东省落实河长制的主要特色,具有创新法律制度、助力法律实施的现实意义。

6.3.5.1　河长制人大监督的法制创新

河长制跨部门协同可以较好地解决协同机制中责任机制的"权威缺漏"问题,但是以权威为依托的等级制纵向协同仍会面临"责任困境"等挑战,这就意味着河长制的实施还需要来自外部的监督,才能真正落实责任、实现水环境治理的目标。广东省在河长制的实践过程中已经意识到这一点,省人大常委会也积极作为,不仅在河流治理个案中加强人大监督,而且组织起草了对河长制实施情况进行人大监督的地方法规,拟对监督制度进行规范化以保障河长制的落实。

尽管各级人大常委会对政府履职状况的监督已有法律规范和保障,但是现实中具体监督范围仍存在争议、监督事项的落实仍存在障碍,总体上人大常委会的监督力度需要进一步提高。广东省人大常委会抓住水环境保护这一社会公众关注的焦点问题,以省人大常委会决议推进重点跨市河流的污染治理,并在治理中全面实施河长制,由流域内政府主要负责人担任河长并制定河长制考核奖惩办法,在流域污染治理中加强人大常委会的监督。2016 年,广东省人大常委会在总结经验的基础上,推进地方各级人大常委会对水环境保护工作的监督,并推动以地方立法规范相关工作,组织草拟了《省市县人大加强河长制实施情况监督办法(讨论稿)》,计划以多种形式规范推进人大常委会对于政府实施河长制、保护水环境工作的监督,目前该项立法工作还在推进中。

以人大常委会监督来推进和保障河长制实施是广东省推进河长制改革的重要特色,尽管相应立法还没有正式出台,但其工作指向和制度设计的创新意义值得总结和推广。首先,人大常委会监督可以为政府实施河长制提供外部动力和考核压力,在我国现行宪法规定的人大与政府关系框架下为河长制的落实提供有力保障。特别是人大常委会对河长制的考核完善了河长制的责任机制,是避免河长制流于形式的重要举措。其次,人大常委会监督可以为河长制的实施预留必要的空间,减轻政府面对社会公众环境诉求的直接压力,避免政府工作从注重经济发展的极端走向只顾环境保护的极端。在推动政府加强环境保护的同时,也不能将政府目标单一化,在社会舆论普遍对环境状况不满的背景下尤其需要将民意纳入人大机制进行表达和疏解,以人大及其常委会的监督形式表现出来。再次,对河长制实施的监督为人大常委会监督的落实提供了一个立足点,对于贯彻执行人大常委会监督法具有示范意义。

6.3.5.2 村级和民间河长的社会参与

公众参与是环境保护的重要原则,也是符合环境管理特点的富有成效的制度,法律制度也从不同方面逐步扩大了公众参与环境保护的渠道,但在总体上仍存在环境保护的公众参与不足、参与效果不彰的困难。河长制的核心是由政府主要负责人担任河长以保证流域污染治理和水生态保护有充分的权威依托,这看似是与公众参与完全不同的思路,但如果离开了广泛的社会公众参与,其实施过程和实施效果都可能遭遇质疑。

广东省在推进河长制的过程中始终重视鼓励社会公众的参与,借基层自治组织、居民的广泛参与取得公众支持以保障河长制的顺利实施,并以公众监督来改进政府工作、提升河长制的实施效果。一方面,已经出台的广州市河长制实施方案和即将出台的广东省河长制实施方案都增加了村级河长制,将建立区域和流域相结合的省、市、县、镇、村五级河长体系。作为村民自治组织的村委会负责人担任河长,其意义与其说是加强行政管理不如说是扩展公众参与。另一方面,深圳市在贯彻落实《意见》的过程中为更好地配合和支持"官方河长"开展水环境治理工作,面向社会公开招募"民间河长",推动形成全面的水环境保护公众参与机制。

村级河长和民间河长在河长制实施中显然处于从属地位,但是其对于完善河长制的体系、夯实河长制的社会基础、提升河长制的实施效果具有特殊价值。其法律意义至少体现在以下两个方面:一是村级河长和民间河长为公众参与水环境保护提供了重要的制度渠道,具有完善环境保护公众参与制度的价值。公众参与原则在环境法制度中虽有具体规则,但是在实践中仍面临重重困难,村级河长和民间河长是落实河长制的具体制度,规范明确、操作性强,是具有直接实践意义的公众参与制度。二是村级河长和民间河长可以建立政府与公众沟通的重要渠道,将政府在水环境保护方面的工作成绩、困难和计划更有效地传达给社会公众,从而取得公众对于政府相关工作的支持,也使政府的工作成效更直接地获得公众的认可,从而为政府环境保护工作特别是河长制的实施奠定更坚实的社会基础,提高其实质正当性。

6.3.5.3 河长制考核督察的制度保障

河长制以新的形式明确政府负责人的职责权限,重新明确甚至配置了行政权力,但行政权力的运行不仅需要外部的监督和制约,也需要内部的考核和督察。在政治性活动之外,更多的政府活动都属于行政性活动,需要遵循管理科学的规律,不能过分依赖政治性工具而应当以管理科学的方法来解决问责问题。因此,虽然人大监督和社会参与对于河长制的实施都有重要价值,但政府系统内的考核督察仍不失为落实河长制的重要保障,也是检验河长制实施效果的重要形式。

广东省在制订河长制实施方案的同时,已经在制定河长制考核督察等配套制度,并计划在 2017 年年底之前出台。关于考核督察制度的具体内容还未公布,但与河长制实施方案几乎同时推进的工作计划表明政府对于考核督察的重视,也可以反过来促进实施方案的科学化。虽然从行政考村级河长和民间河长在河长制实施中显然处于从属地位,但是其对于完善河长制的体系、夯实河长制的社会基础、提升河长制的实施效果具有特殊价值。其法律意义至少体现在以下两个方面:一是村级河长和民间河长为公众参与水环境保护提供了重要的制度渠道,具有完善环境保护公众参与制度的价值。公众参与原则在环境法制度中虽有具体规则,但是在实践中仍面临重重困难,村级河长和民间河长是落实河长制的具体制度,规范明确、操作性强,是具有直接实践意义的公众参与制度。二是村级河长和民间河长可以建立政府与公众沟通的重要渠道,将政府在水环境保护方面的工作成绩、困难和计划更有效地传达给社会公众,从而取得公众对于政府相关工作的支持,也使政府的工作成效更直接地获得公众的认可,从而为政府环境保护工作特别是河长制的实施奠定更坚实的社会基础,提高其实质正当性。

6.3.5.4　河长制考核督察的制度保障

河长制以新的形式明确政府负责人的职责权限,重新明确甚至配置了行政权力,但行政权力的运行不仅需要外部的监督和制约,也需要内部的考核和督察。在政治性活动之外,更多的政府活动都属于行政性活动,需要遵循管理科学的规律,不能过分依赖政治性工具而应当以管理科学的方法来解决问责问题。因此,虽然人大监督和社会参与对于河长制的实施都有重要价值,但政府系统内的考核督察仍不失为落实河长制的重要保障,也是检验河长制实施效果的重要形式。

广东省在制定河长制实施方案的同时,已经在制定河长制考核督察等配套制度,并计划在 2017 年年底之前出台。关于考核督察制度的具体内容还未公布,但与河长制实施方案几乎同时推进的工作计划表明政府对于考核督察的重视,也可以反过来促进实施方案的科学化。从行政考核督察的一般规律来看,拟议中的河长制考核督察的内容应包括两个方面:一是河长制实施的形式落实。河长制的实施需要明确担任河长的具体人员、河长的职责权限、工作目标和管理机制,具备这些形式方面是实施河长制的首要条件。二是河长制实施的实质效果。河长制实施后在水污染治理和水生态保护方面取得的实效应当是考核督察的核心方面,河长制实施最重要的目标是取得水环境保护成效。

河长制实施的考核督察制度至少在以下方面具有法律意义:首先,河长制考核督察是贯彻落实地方政府环境质量责任制的具体体现。2014 年修订《中华人民共和国环境保护法》新增的地方政府环境质量责任制一直存在难以落实的问题,原因之一在于环境质量目标难以确定。河长制在水环境保护领域确定具体的环境目标,再以考核督察来确保目标实现、追究相应责任,为地方政府环境质量责任制的落实提供了现实路径。其次,河长制的考核督察是贯彻落实河长制的直接保障,可以提高河长制实施的科学性,避免河长制改革的目标落空。再次,河长制考核督察是环保督察制度的重要方面,可以为环保督察制度的完善提供实践经验,促进环境法律体系的完善。

6.3.5.5　河湖全覆盖的生态保护理念

当前,我国的水环境面临的主要问题是污染,河长制的工作目标最初也多被定位于水污染治理。但长期来看,水生态才是水环境保护的关键,治理污染只是改善水生态的第一步。而且地表水系统中河流和湖泊的地位同样重要,建立整体性的水生态保护理念是环境保护的内在要求,也是实现河长制实施目标的需要。

广东省在河长制试点过程中经历了从水污染治理目标到水生态保护目标的转变,最初着力以河长制推动跨界河流的污染治理问题,2016 年开始在山区中小河流推广河长制,重在水生态的保护进而为社会发展提供生态屏障,将生态保护理念贯彻到河长制推行过程中。正在拟议的广东省河长制实施方案更是体现了覆盖河流和湖泊、区域和流域相结合、污染治理和生态保护并重的河长制推进思路,明确了“打造具有岭南特色的平安绿色生态水网”的目标,体现了将水生态保护作为最终目标的河长制实施理念。

河长制不属于典型的法律制度或者典型的道德制度,其法律制度属性和道德制度属性相互影响。在河长制实施中超越水污染治理的短期目标、树立水生态保护的基本理念不仅具有伦理价值,也具有法律制度价值。首先,基本理念对于制度设计具有决定性影响,在河长制实施中确立水生态保护理念将有助于克服具体制度设计的局限性,将生态保护的整体性、系统性反映到具体的制度实践中,从而将水污染治理的短期目标与水生态保护的长期目标统一起来。其次,基本理念也将影响法律制度的实施过程,确立河湖统一、流域与区域配合的整体保护理念有助于克服实践中条块分割带来的工作成效相互减损或者得部分而失整体的弊端,引导水环境管理和执法步入良性发展的轨道。

参考文献

[1] Annadotter H, Aagren R, Lundstedt B. Multiple technique for lake restoration[J]. Hydrobiologia, 1999, 395/396: 87-97.

[2] Constanza R, d'Arge R, Groot R D. The Value of the World' Ecosystem Services and Natural Capital[J]. Nature, 1997, 387: 253-260.

[3] Grochowska J, Gawronska H. Restoration effectiveness of adegraded lake using multiyear artificial aeration[J]. Polish Journal of Environmental Studies, 2004, 13: 671-681.

[4] Howard-Williams C, Kelly D. Local perspectives in Lake Restoration and Rehabilitation[C]//Kumangai, M. and Vincent, W. F. (Eds), Freshwater Management: Global Versus Local Perspectives. Springer. 2003, 153-175.

[5] Liu J, Diamond J. China's environment in a globalizing world[J]. Nature, 2005, 435 (30): 1179-1186.

[6] Liu J, Yang W. Water sustainability for China and beyond[J]. Science, 2012, 337: 649-650.

[7] Mercier A. Man induced changes in a high energy fluvial system: the case of the ariegeriver (french central Pyrenees). Houille Blanche- Revue Internationale DeL Eau, 2001, 11-15.

[8] Molle P, Lienard A. Effect of reeds and feeding operations on hydraulic behaviour of vertical flow constructed wetlands under hydraulic overloads[J]. Water Research, 2006, 40: 606-612.

[9] Moss B, Green F B, Puhakka J A. Seasonal and diuranl variations of temperature, pH and dissolved oxygen in advanced integrated wastewater pond system treating tannery [J]. Water Research, 2004, 38: 645-654.

[10] Reitzel K, Hansen J, Andersen F O H, et al. Lake restoration by dosing aluminum relative to mobile phosphorus in the sediment[J]. Environmental Science & Technology, 2005, 39: 4134-4140. http://www. ce. cn/xwzx/gnsz/gdxw/201611/18/t20161118_17936312.shtml

[11] 2021年水资源管理工作要点[J]. 水资源开发与管理, 2021(3): 3-5.

[12] 安天杭. 江西强化水法规制度建设打造美丽中国"江西样板"[J]. 中国水利, 2018 (24): 174-177.

[13] 卞欢. 国家治理现代化视野下的"河长制"探析[D]. 南京: 南京工业大学, 2016.

[14] 卞锦宇, 宋轩, 耿雷华, 等. 太湖流域水资源承载力特征分析及评价研究[J]. 节水灌溉, 2020(01): 73-78.

[15] 卞文志. 各地打响专项治理黑臭水体攻坚战[EB/OL]. [2018-06-08]. http://lib. cet.

com. cn/paper/szb_con/476107. html.

[16] 蔡嘉润. 广州市白云区白海面涌黑臭河涌治理的河长制实践研究[D]. 广州:华南理工大学,2019.

[17] 曾金凤. 江西省河长制推行成效评价研究——以东江源区赣粤出境水质变化为例[J]. 水利发展研究,2018,18(06):6-11.

[18] 曹欠欠,于鲁冀,薛金萍. 城市污染河道水体复氧技术研究综述[J]. 水污染防治,2015,1(1):1-5.

[19] 常雷雷. 基于水资源可持续利用的水资源管理分析[J]. 农业灾害研究,2020,10(9):158-159.

[20] 陈辅利,高光智,宛立,等. 河湖污染治理对策调查研究:I现状分析[J]. 大连水产学院学报,2009,24(增刊):175-180.

[21] 陈吉宁. 以改善水环境质量为核心确保全面实现水环境保护目标[EB/OL]. [2018-06-08]. http://www. gov. cn/xinwen/2016-04/22/content_5066845. htm.

[22] 陈杰. 以生态河湖行动统领江苏水治理[N]. 新华日报,2017-11-08(013).

[23] 陈杰. 全面推动江苏水利高质量发展[J]. 江苏水利,2019(4):1-4.

[24] 陈雷. 落实绿色发展理念全面推行河长制河湖管理模式[J]. 水利发展研究,2016(12):3-5.

[25] 陈雷. 全面推行河长制　努力开创河湖管理新局面[J]. 河北水利,2016,(12):5-7.

[26] 陈荷生,保护太湖　时不我待[J]. 上海城市管理职业技术学院学报,2002,12(5):22-25.

[27] 陈吉宁. 以改善水环境质量为核心确保全面实现水环境保护目标[EB/OL]. [2018-06-08].

[28] 陈静,何亚玲,方天涛. 河长制的发展现状及其长效治理路径研究——以安徽省蚌埠市为例[J]. 科技创新与应用,2020(32):45-47.

[29] 陈敏,王静,李晨华. 河湖水生态修复技术探析[J]. 广东化工,2020,47(04):152-153.

[30] 陈克平,过维钧. 东太湖水污染控制途径[J]. 污染防治技术,2003,16(1):34-36.

[31] 陈释元,任宏超,陈小娟. 城市河道综合治理与水环境保护[J]. 决策探索(中),2020(12):80-81.

[32] 陈涛,任克强. 加强环境治理体系现代化的社会学研究[N]. 中国社会科学学报,2020-06-03(005).

[33] 陈文召,李光明,徐竟成,等. 水环境遥感监测技术的应用研究进展[J]. 中国环境监测,2008(3):6-11.

[34] 陈志山,刘选举. 生态混凝土净水技术处理生活污水[J]. 给水排水,2003(2):10-13.

[35] 程峰. 以河长制为依托的水生态环境修复与保护[J]. 农家参谋,2020(12):247.

[36] 成水平,况琪军,夏宜峥,等. 香蒲、灯心草人工湿地的研究[J]. 湖泊科学,1998(10):66-71.

[37] 持续推进河湖治理工作　打造水清河畅的生态环境[N]. 四平日报,2019-09-25

(006)

[38] 崔晨甲,李淼,高龙,等. 流域横向水生态补偿政策现状及实践特征[J]. 水利水电技术,2019,50(S2):116-120.

[39] 崔树彬,刘俊勇,陈军,等,论河流生物-生态修复技术的内涵、外延及其应用[J]. 中国水利,2005:16-19.

[40] 崔琬茁,张弘,刘韬,等. 二元水循环理论浅析[J]. 东北水利水电,2009(9):7-8.

[41] 崔玉民. 采用TiO₂光催化剂对河水中污染物进行光催化降解[J]. 河南科技大学学报(自然科学版),2003(1):94-97.

[42] 代培,吴小刚,张维昊,等. 人工生物浮岛在富营养化水体治理中的应用[J]. 长江科学院院报,2008:25.

[43] 刁欣恬. 太湖流域整体性治理问题研究[D]. 南京:南京大学,2019.

[44] 丁香. 河道水环境治理工程中多方位生态修复技术的应用研究[J]. 山西农经,2019,4(23):83-84.

[45] 董建良,袁晓峰. 江西河湖保护管理实施"河长制"的探讨[J]. 中国水利,2016(14):20-22.

[46] 杜明虹,李启蓝. 水环境污染现状及治理对策分析[J]. 化工管理,2021(6):129-130.

[47] EM情报室. 相野谷川水质净化实验室[J]. Eco Pure,1997,19:14-15.

[48] 2017年广东省全面推行河长制工作回顾[J]. 水资源开发与管理,2018(6):1-4.

[49] 鄂竟平. 谱写新时代江河保护治理新篇章[J]. 水利发展研究,2020,20(1):1-2.

[50] 冯玉琦. 我国水环境的现状、存在问题及治理方略[J]. 农业与技术,2003,23(2):12-15.

[51] 冯薪霖,周芙蓉,杨洪. 我国水环境及水污染控制问题[J]. 中国新技术新产品,2014(22):132.

[52] 付思明,李文鹏. "河长制"需要公众监督[J]. 环境保护,2009,36(5):22-23.

[53] 高柳青,晏维金. 富营养化对三湖水环境影响及防治探讨[J]. 资源科学,2002,24(3):19-25.

[54] 韩小勇. 巢湖水质调查与研究[J]. 水资源保护,1998,(1):24-28.

[55] 高光智,陈辅利,王晶. 河湖污染治理对策的调查研究——Ⅱ存在问题[J]. 大连水产学院学报,2009,24(S1):181-184.

[56] 葛凯,徐雷诺,徐新华. 河湖岸线保护与利用管理问题研究与探讨[J]. 治淮,2020(8):62-64.

[57] 耿萍. 中小河流治理工作实践与思考[J]. 中华建设,2017(4):88-89.

[58] 广东省水利厅. 充分发挥机制优势 推进河湖管护行动升级[J]. 中国水利,2019(11):12.

[59] 郭鼎. 高分遥感在河长制信息管理系统中的应用研究[J]. 河南科技,2020,39(26):71-73.

[60] 郭兆晖,钱雄峻,张弓. 河长制在河流治污实践中存在的难题分析[J]. 行政管理改革,2020(8):50-55.

[61] 国家环境保护总局. 1998年中国环境状况公报[J]. 环境保护,1999(7),3-9.

[62] 国家环境保护总局. 1999年中国环境状况公报[J]. 环境保护,2000(7):3-9.

[63] 国家环保总局科技标准司. 中国湖泊富营养化及其防治研究[M]. 北京:中国环境科学出版社,2001.

[64] 国家环境保护总局科技标准司. 中国湖泊富营养化及其防治研究[M]. 北京:中国环境科学出版社,2001.

[65] 韩全林,曹东平,游益华. 推进水治理体系与治理能力现代化建设的几点思考[J]. 中国水利,2020(6):26-29.

[66] 何开丽. 巢湖富营养化现状与治理对策[J]. 环境保护,2002(4):22-24.

[67] 何乔明,马海涛. 关于农村水环境保护和治理对策的思考与建议[J]. 科技创新与应用,2020(21):122-123.

[68] 洪田. 中国21世纪的水安全[J]. 环境保护,1999(10):29-31.

[69] 胡宏韬,林学钰,蔡青勤. 中国的水环境状况及对策[J]. 干旱环境监测,2001,15(1):41-44.

[70] 胡惠良,谈俊益. 江苏太湖流域水环境综合治理回顾与思考[J]. 中国工程咨询,2019(3):92-96.

[71] 环境保护部. 2012中国环境状况公报[J]. 中国环保产业,2013(6):6-7.

[72] 黄爱宝. "河长制":制度形态与创新趋向[J]. 学海,2015(4):141-147.

[73] 黄昌硕,耿雷华. 基于"三条红线"的水资源管理模式研究[J]. 中国农村水利水电,2011(11):30-31,36.

[74] 黄锋华,黄本胜,邱静,等. 广东省河长制湖长制工作考核若干问题的思考[J]. 广东水利水电,2018(12):37-40.

[75] 黄金良,洪华生,张珞平. 基于GIS的九龙江流域农业非点源氮磷负荷估算研究[J]. 农业环境科学学报,2004,(5):866-871.

[76] 黄俊钧. 以生态河湖行动统领水环境治理[N]. 岳阳日报,2018-12-04(002).

[77] 黄民生,徐亚同,戚仁海. 苏州河污染支流——绥宁河生物修复实验研究[J]. 上海环境科学,2003,22:384-388.

[78] 黄永泰. 滇池污染状况及其综合治理[J]. 环境污染与防治,1999,21(4):28-31.

[79] 贾绍凤. 决战水治理:从"水十条"到"河长制"[J]. 中国经济报告,2017(1):36-38.

[80] 江波,蔡金洲,杨龑,等. 河湖水环境问题及管理和治理模式[C]// 河海大学、江苏省水利厅. 2018(第六届)中国水生态大会论文集. 河海大学、江苏省水利厅:北京沃特咨询有限公司,2018:6

[81] 姜明栋,沈晓梅,王彦滢,等. 江苏省河长制推行成效评价和时空差异研究[J]. 南水北调与水利科技,2018,16(3):201-208.

[82] 蒋火华,吴贞丽,梁德华. 世界典型湖泊水质探研[J]. 世界环境,2000(4):35-37.

[83] 蒋跃平,葛滢,岳春雷,等. 人工湿地植物对观赏水种氮磷去除的贡献[J]. 生态学报,2004,24:1720-1725.

[84] 焦爱华,杨高升. 中国水市场的运作模型研究[J]. 水利水电科技进展,2001,21(4):

37-40.

[85] 江颖. 推进河长制全面见效面临的困境及其创新措施研究[J]. 国际公关,2020(1):195.

[86] 金相灿. 中国湖泊环境(第一册)[M]. 北京:海洋出版社,1995.

[87] 金相灿,等. 湖泊富营养化控制和管理技术[M]. 北京:化学工业出版社,2001.

[88] 金相灿,荆一风,刘文生,等. 湖泊污染底泥疏浚工程技术——滇池草海底泥疏挖及处置[J]. 环境科学研究,1999,12(5):9-12.

[89] 景晓栋,田贵良. 河长制助推流域生态治理的实践与路径探索[J]. 中国水利,2021(8):8-10,17.

[90] 阚琳. 整体性治理视角下河长制创新研究——以江苏省为例[J]. 中国农村水利水电,2019(2):39-43.

[91] 赖慧苏. 多重激励机制下的基层政府行为研究——以GC县河长制实施为例[J]. 四川环境,2019,38(1),170-174.

[92] 李成艾,孟祥霞. 水环境治理模式创新向长效机制演化的路径研究——基于"河长制"的思考[J]. 城市环境与城市生态,2015(6):34-38.

[93] 李春英. 地理信息系统与环境管理[J]. 东北林业大学学报,2003,31(2):50-51.

[94] 李丹. 浅析如何构建生态水利河道综合治理体系[J]. 吉林农业,2018(9):67.

[95] 李洪任,谢颂华,张磊. 江西省河长制推行实践[J]. 水利发展研究,2019,19(2):20-24.

[96] 李红霞,张建,杨帅. 河道水体污染治理与修复技术研究进展[J]. 安徽农业科学,2016,44(4):74-76.

[97] 李胜. 跨行政区流域污染协同治理的实现路径分析[J]. 中国农村水利水电,2016(1):89-93.

[98] 李晓光. 浅议新形势下水环境综合整治的分析研究[J]. 资源节约与环保,2020(8):22.

[99] 李轶. 河长制的历史沿革、功能变迁与发展保障[J]. 环境保护,2017(16):7-10.

[100] 李正魁,濮培民,胡维平,等. 固定化细菌技术及其在物理生态工程中的应用-固定化氮循环对水生生态系统的修复[J]. 江苏农业学报,2001,17:248-252.

[101] 李志亮,罗红雨. 长江下游干流水环境现状及对策[J]. 长江科学院院报,2002,19(5):46-48.

[102] 李忠杰. 全面把握制度与治理的辩证关系[N]. 经济日报,2019-11-20.

[103] 缪柳. 复配化学药剂对地表富营养化水体藻类去除的研究[D]. 厦门:华侨大学,2012.

[104] 林必恒. 论河长制考核评估机制的构建路径[C]//中国法学会环境资源法学研究会、河北大学. 区域环境资源综合整治和合作治理法律问题研究——2017年全国环境资源法学研讨会(年会)论文集. 中国法学会环境资源法学研究会、河北大学:中国法学会环境资源法学研究会,2017:6.

[105] 刘昌明,刘晓燕. 河流健康理论初探[J]. 地理学报,2008,63(7):683-692.

[106] 刘长兴. 广东省河长制的实践经验与法制思考[J]. 环境保护,2017,45(9):34-37.

[107] 刘超,吴加明. 纠缠于理想与现实之间的"河长制":制度逻辑与现实困局[J]. 云南大学学(法学版),2012,25(4):39-44.

[108] 刘加尧,王秀科. 环境公益诉讼制度的可行性研究[C]//生态文明与环境资源法——2009年全国环境资源法学研讨会(年会)论文集.2009:1121-1125.

[109] 刘健. 浅析水资源管理与保护措施[J]. 清洗世界,2020,35(12):41-42.

[110] 刘晋高,方神光,许劼婧,等. 基于河湖长制的河湖岸线智慧监管方案设计——以珠江三角洲河网区为例[J]. 人民珠江,2019,40(9):121-127.

[111] 刘聚涛,万怡国,许小华,等. 江西省河长制实施现状及其建议[J]. 中国水利,2016(18):51-53.

[112] 刘丽华. 推进江西省流域综合管理立法的几点思考[J]. 水利发展研究,2019,19(12):13-16.

[113] 刘祥超,张锦娟,马昌臣,等. 乡村振兴战略背景下浙江省小流域水土流失综合治理设计理念探讨[J]. 亚热带水土保持,2019,31(2):49-50.

[114] 刘晓星. 全力支撑我国精细化水环境管理工作[N]. 中国环境报,2020-04-16(004).

[115] 刘玉灿,田一,苏庆亮,等. 我国地表水污染现状与防治策略探索[J/OL]. 净水技术:1-8[2021-07-12].1.

[116] 国环境资源法学研讨会论文集[C]. 昆明:云南大学出版社,2009:1110-1114.

[117] 林建伟,朱志良,赵建夫. 硝酸钙对底泥有机物及氮磷迁移循环的影响[J]. 农业环境科学学报,2007,26(1):8-63.

[118] 林光银,常艳丽. 河道生态修复新技术的运用分析[J]. 低碳世界,2020,10(7):39-40,34.

[119] 芦妍婷,邱静,谭超. 广东省全面推行河长制实践经验探索[J]. 中国水利,2019(8):21-22.

[120] 吕忠梅. 论水污染的流域控制立法[C]//水污染防治立法和循环经济立法研究——2005年中国环境资派法学研讨会论文集. 武汉:武汉大学出版社,2005:137-144.

[121] 马超,常远,吴丹,等. 我国水生态补偿机制的现状、问题及对策[J]. 人民黄河,2015,37(4):76-80.

[122] 马驰. 遥感在确定水质参数中的应用进展[J]. 陕西师范大学学报.2001,29(1):144-148.

[123] 马经安,李红清. 浅谈国内外江河湖库水体富营养化状况[J]. 长江流域资源与环境,2002,11(6):575-578.

[124] 马顺利. 多方位生态修复技术在河道水环境治理工程中的应用探讨[J]. 四川水泥,2021(1):73-74.

[125] 马晓. 我国"河长制"实践中存在的问题及对策研究[D]. 哈尔滨:黑龙江大学,2019.

[126] 孟存. "河长制"所存在的问题及完善策略[J]. 水利水电,2017(23):116-117.

[127] 孟庆峰. 河湖水环境问题及管理和治理模式[J]. 环境与发展,2020,32(2):26,28.

[128] 孟庆义. 国内湖泊水质污染及富营养化治理[J]. 北京水利,2001(5):45-47.

[129] 孟伟,秦延文,郑丙辉,等. 流域水质目标管理技术研究(Ⅲ)——水环境流域监控技术研究[J]. 环境科学研究,2008(01):9-16.

[130] 潘田明. 浙江省全面推行"河长制"和"五水共治"[J]. 水利发展研究,2014(10):35.

[131] 潘定波,石教智,林支伟,等. 东江流域跨界河湖水环境管理问题探讨[J]. 广东水利水电,2018(12):14-17.

[132] 庞海霞. 河长绩效考核研究[D]. 洛阳:河南科技大学,2020.

[133] 齐学斌,张新平. 试论我国水环境领域研究状况及其发展展望[J]. 西北水资源与水工程,1997,8(4):32-35.

[134] 邱石法. 农村水环境治理技术分析[J]. 环境与发展,2020,32(11):69-70.

[135] 邱志群,舒为群,曹佳. 我国水中有机物及部分持久性有机物污染现状[J]. 癌变·畸变·突变,2007,19(3):188-193.

[136] 沙朋朋. 水生态修复与保护方法技术的发展和实践分析[J]. 工程与建设,2020,34(5):946-947,950.

[137] 沈建军,李柏山,许海萍. 太湖水污染原因分析及治理措施[J]. 环境科学导刊,2009,28(2):27-29.

[138] 石秀珍. 生态水利河道综合治理体系构建策略[J]. 南方农业,2014,8(12):72-74,77.

[139] 史春. "河长制"真能实现"河长治"吗?[J]. 环境教育,2013,18(11):63-64.

[140] 史春. 河长制如何保证河长治[N]. 中国环境报,2014-02-14(2).

[141] 史有萍. 河长制实践的困境及对策研究[D]. 南京:南京大学,2018.

[142] 时文艺. 论水环境治理中的河长制困境及出路[J]. 四川环境,2020,39(4):93-97.

[143] 宋春印,范志杰. 我国沿海赤潮的状况及其研究进展[J]. 环境监测管理与技术,1995,7(3):11-13.

[144] 宋瑞禅. 我国环境保护市场化问题的思考[J]. 环境保护,1998(8):3-5.

[145] 孙继昌. 太湖流域水问题及对策探讨[J]. 湖泊科学,2005(4):289-293.

[146] 孙金华,王思如,朱乾德. 水问题及其治理模式的发展与启示[J]. 水利水电快报,2018,39(12):3.

[147] 孙金华,朱乾德,王思如,等. 强化科技引领　提升河湖治理成效[J]. 中国水利,2018(12):14-16.

[148] 孙滔滔,赵鑫,尹魁浩,等. 水环境风险源识别和评估研究进展综述[J]. 中国水利,2018(15):41-44.

[149] 孙贤斌. 巢湖生态环境污染与防治对策[J]. 国土与自然资源研究. 2001(3):50-52

[150] 孙忠英. 扎实推进河长制　打好水污染防治攻坚战[J]. 环境保护与循环经济,2019,39(2):4-6.

[151] 唐亮,左玉辉. 新泾河河道稳定塘工程研究[J]. 环境工程,2003(21):75-77.

[152] 唐艳. 污染河流治理技术综述[J]. 河南科技,2014,3(2):179.

[153] 唐志华. 广州流溪河河长制政策执行研究[D]. 广州:华南理工大学,2019.

[154] 陶长生. "河长制":河湖长效管理的抓手[J]. 中国水利,2014(6):20-21.

[155] 田伟君,翟金波. 生物膜技术在污染河道治理中的应用[J]. 环境保护,2003,19-21.

[156] UNEP. 水体富营养化[J]. 苏玲,译. 世界环境,1994,42(1):23-26.

[157] 万本太. 中国水资源的问题与对策[J]. 环境保护,1999(7):30-32.

[158] 汪小雄. 化学方法在除藻方面的应用[J]. 广东化工,2011,38(4):24-26.

[159] 王灿发. 地方人民政府对辖区内水环境质量负责的具体形式——"河长制"的法律解读[J]. 环境保护,2009(5):20-21.

[160] 王晨,周红蝶. 河道水环境治理工程的多方位生态修复技术[J]. 湖北农机化,2020(16):53-54.

[161] 王殿芳,王敏欣,韩梅,等. 黄河流域水污染现状分析及控制对策研究[J]. 环境保护科学,2003,29(2):28-31.

[162] 王广军,欧志明. 我国江河湖海的水环境状况[J]. 水产科技,2009(6):1-6.

[163] 王国刚. 巢湖富营养化防治对策[J]. 巢湖师专学报,2001,3(3):15-17.

[164] 王海玲. 用于河道水质净化的曝气技术研究[D]. 昆明:昆明理工大学,2008.

[165] 王浩,王建华,胡鹏. 水资源保护的新内涵:"量-质-域-流-生"协同保护和修复[J]. 水资源保护,2021,37(2):1-9.

[166] 王健华. 太湖流域面源污染控制对策研究[J]. 环境保护科学,2003,29(2):16-17,22.

[167] 王丽莎. 河湖水环境问题及管理和治理模式探讨[J]. 中阿科技论坛(中英阿文),2020(4):112-113.

[168] 王世杰. 河长制治理现代化思考[J]. 合作经济与科技,2020(11):118-119.

[169] 王学江,夏四清. 悬浮填料移动床处理苏州河支流河水试验研究[J]. 环境污染治理技术与设备,2002(3):27-30.

[170] 王书明,蔡萌萌. 基于新制度经济学视角的"河长制"评析[J]. 中国人口·资源与环境,2011,21(9):8-13.

[171] 王天琦. 构建天蓝地绿水清的美丽画卷——探出生态环境治理现代化的"江苏路径"[J]. 华人时刊,2021(1):16-19.

[172] 王天琦. 探出生态环境治理现代化的"江苏路径"[J]. 群众,2020(22):9-10.

[173] 王亚华. 中国水治理体系的战略思考[J]. 水利发展研究,2020,20(10):10-14.

[174] 王亚华,舒全峰,吴佳喆. 水权市场研究述评与中国特色水权市场研究展望[J]. 中国人口·资源与环境,2017,27(6):87-100.

[175] 王振波. GIS 技术在中国流域研究中应用进展及展望[J]. 地理与地理信息科学,2009(3):28-32.

[176] 王志伟. 生态环境治理的信息化体系建设思路[J]. 科技创新与应用,2020(30):53-54.

[177] 卫明,冯坤范,赵政. 应用微生物技术对城市黑臭河道实施生态修复的试验研究

[J].上海水务,2006,22(1):18-21.

[178] 魏天宇.我国水污染的体制成因及对策[J].黑龙江水利科技,2012,40(2):201-202.

[179] 温岭市人民法院课题组,夏群佩.国家治理现代化视域下河长制的机制创新与路径完善——基于Z省W市的实证分析[J].上海市经济管理干部学院学报,2019,17(2):57-64.

[180] 吴为梁.滇池富营养化与藻类资源[J].云南环境科学,2000,19(1):35-37.

[181] 吴贤静,林镁佳.从"环境之制"到"环境之治":中国环境治理现代化的法治保障[J].学习与实践,2020(12):47-54.

[182] 吴阳,王俭,刘英华,等.河流水质目标管理技术研究综述[J].黑龙江科学,2017,8(12):9-11.

[183] 吴悠.我国河长制考核体系构建初探[J].河北企业,2017(8):11-13.

[184] 吴振斌,詹发萃,刘家齐.综合生物塘处理城镇污水研究[J].环境科学学报,1994(14):223-228.

[185] 邬淑琴.污水处理中的光催化技术[J].广东化工,2010(4):157-160.

[186] 习近平.坚持和完善中国特色社会主义制度推进国家治理体系和治理能力现代化[J].求是,2020(1).

[187] 习近平.在黄河流域生态保护和高质量发展座谈会上的讲话[J].求是,2019(20).

[188] 习近平.在深入推动长江经济带发展座谈会上的讲话[J].求是,2019(17).

[189] 夏骋翔.城镇水资源市场再造流程[J].宝鸡文理学院学报(社会科学版),2004(6):91-94.

[190] 夏继红,周子晔,汪颖俊,等.河长制中的河流岸线规划与管理[J].水资源保护,2017,33(5):38-41,85.

[191] 夏舒燕.论太湖流域水污染的综合治理[D].苏州:苏州大学,2012.

[192] 肖俊霞,豆鹏鹏,彭惠玲,等."河长制"全面推行的实践与探索——以广东省肇庆市为例[J].中国资源综合利用,2017,35(11):106-108.

[193] 谢忱,丁瑞,潘小保,等.江苏省河道水生态环境治理关键技术和设备研究[J].水利规划与设计,2020(11):124-130,136.

[194] 谢德俊.生态护坡技术在河流环境综合治理中的应用[J].中国高新科技,2020(13):115-116.

[195] 谢杰光.江苏省"河长制"研究[J].河北企业,2017(8):47-48.

[196] 谢琳.刍议如何做好水资源保护与管理[J].科技创新与应用,2021,11(13):194-196.

[197] 谢小茜,徐新超.浅谈水环境风险防控[J].资源节约与环保,2017(7):96,98.

[198] 解晓锋.论河道水体污染控制工程技术[J].科技风,2009,22(24):103.

[199] 新华网.习近平:在黄河流域生态保护和高质量发展座谈会上[EB/OL].[2019-10-15].http://www.xinhuanet.com/politics/leaders/2019-10/15/c_1125107042.htm

[200] 肖显静."河长制":一个有效而非长效的制度设置[J].环境教育,2009,14(5):24-25.

[201] 熊万永,李玉林. 人工曝气生态净化系统治理黑臭河流的原理及应用[J]. 四川环境,2004,23(2):34-36.

[202] 许君,傅肃性,黄绚. 遥感与GIS在河流水质环境背景分析中的应用:以台湾基隆河为例[J]. 环境科学,2002,41(4):1-5.

[203] 许世龙,苏维词. 流域水环境治理新技术与新材料研究进展[J]. 贵州科学,2014,32(5):48-52.

[204] 许新宜,王浩,甘泓. 华北地区宏观经济水资源规划理论与方法[M]. 郑州:黄河水利出版社,1997.

[205] 徐军,徐丹阳. 基于水生态修复技术在河道治理中的应用分析[J]. 化工管理,2020(20):60-61.

[206] 徐玲玲,谭文华. 我国环境治理现代化中公众参与问题研究[J]. 环境与发展,2020,32(9):207-209.

[207] 徐敏,马乐宽,赵越,等. 水环境质量目标管理以控制单元为基础?[J]. 环境经济,2015(8):18-19.

[208] 徐敏,张涛,王东,等. 中国水污染防治40年回顾与展望[J]. 中国环境管理,2019,11(3):65-71.

[209] 徐亚同,史家操,袁磊. 上奥塘水体生物修复试验[J]. 上海环境科学,2000,19(10):480-484.

[210] 徐远华. 金融发展对城乡收入差距的影响——基于中部六省2000~2011年面板数据的实证分析[J]. 科学决策,2014(3):44-64.

[211] 薛振兴. 城乡水环境综合治理项目实施方法探讨[J]. 人民黄河,2020,42(S2):90-92.

[212] 严方婷. 生物修复技术在水环境污染治理中的应用研究[J]. 资源节约与环保,2020,4(6):6.

[213] 颜海娜,曾栋. 河长制水环境治理创新的困境与反思——基于协同治理的视角[J]. 北京行政学院学报,2019(2):7-17.

[214] 姚顺秋. 英那河流域落实河长制系统评价[J]. 水利科学与寒区工程,2021,4(1):167-170.

[215] 姚章民. 珠江流域水资源可持续开发利用对策措施[J]. 湖南水利水电,2003,(1):30-31.

[216] 伊文. 历史治水名人略记[J]. 中国减灾,2010(19):54-55.

[217] 殷培红,耿润哲. 推进流域水环境质量管理体系建立[EB/OL]. [2018-06-08]. http://www.czt.gov.cn/Info.aspx?Id=39753&ModelId=1

[218] 杨敦,周琪. 人工湿地脱氮技术的机理及应用[J]. 中国给水排水,2003,19:23-24.

[219] 杨海荣,黄聪,罗薇,等. 纳米TiO_2在污水处理中的应用[J]. 湖北民族学院学报(自然科学版),2014(2):179-182.

[220] 杨海鹰. 珠江水环境现状[J]. 广东财政,2003(2):10-10.

[221] 杨悦所,Wang J L. 基于GIS的农业面源硝酸盐地下水污染动态风险评价[J]. 吉林

大学学报(地球科学版),2007,(2):311-318.

[222] 杨再福,施炜刚,陈立侨,等. 东太湖生态环境的演变与对策[J]. 中国环境科学,2003,23(1):64-68.

[223] 叶贞琴. 奋力建设天蓝地绿水清美丽广东[J]. 中国水利,2018(4):5.

[224] 尹荣尧,周燕,朱晓东. 江苏省太湖水污染防治对策措施[J]. 环境保护科学,2010,36(3):93-95.

[225] 殷培红,耿润哲. 推进流域水环境质量管理体系建立[EB/OL]. [2018-06-08]. http://www. czt. gov. cn/Info. aspx?Id=39753&Model Id=1.

[226] 尤爱菊,余炯. 河流治理与管理评价指标体系探讨[J]. 浙江水利科技,2005(4):4-7.

[227] 尤珍. 太湖局以高质量水利工作全力支撑保障长三角一体化发展战略实施[J]. 中国水利,2019(24):124-127.

[228] 游益华. 新中国水利与社会发展研究[D]. 南京:南京师范大学,2002.

[229] 余光伟,雷恒毅,刘广立,等. 重污染感潮河道底泥释放特征及其控制技术研究[J]. 环境科学学报,2007,29(7):1476-1484.

[230] 余国营,刘永定,丘昌强,等. 滇池水生植被演替及其与水环境变化关系[J]. 湖泊科学,12(1):73-80.

[231] 余秋梅,周良伟. 巢湖水环境质量现状分析[J]. 人民长江,2001(7):29-30.

[232] 余挺. 城市河湖水系生态重构与保障关键技术[R]. 四川省,中国电建集团成都勘测设计研究院有限公司,2018-05-25.

[233] 袁步先. 巢湖水质状况及污染防治措施[J]. 环境监测管理与技术,2000,12(4):22-23,28.

[234] 袁伟刚,樊智毅. 阿科蔓生态基技术在湖泊治理与维护中的应用[J]. 中国给水排水,2007(16):109-112.

[235] 曾敏. GIS技术在科学城环境地理信息系统中的应用[C]//第二届全国信息与电子工程学术交流会暨第十三届四川省电子学会曙光分会学术年会论文集. 2006:467-471.

[236] 曾娜. 广东省河长制的理论与实践探索[D]. 南昌:江西财经大学,2020.

[237] 张丛林,郑诗豪,刘宇,等. 关于推进太湖流域生态环境治理体系现代化的建议[J]. 环境保护,2020,48(Z2):84-86.

[238] 张嘉涛. 江苏"河长制"的实践与启示[J]. 中国水利,2010(12):13-15.

[239] 张建宇. 从发展视角看环境治理体系现代化建设[N]. 中国环境报,2020-06-24(003).

[240] 张进标. 广东河流生态系统服务价值评估[D]. 广州:华南师范大学,2007.

[241] 张静. 广东省黑臭水体治理实践中的几点思考[J]. 中国水利,2019(5):6-9.

[242] 张静雯,张锦娟,刘祥超. 美丽河湖建设新要求下的水土流失综合治理设计理念探讨——以缙云县浣溪小流域为例[J]. 浙江水利科技,2020,48(4):33-35.

[243] 张祥伟,邹晓雯. 我国北方河流湖泊的水环境状况与水污染防治问题[J]. 水资源保护,2000(2):9-11,14.

[244] 张兴恩. 加强河湖管理的对策探究[J]. 江苏水利,2014(1):28-29.

[245] 张学勤,曹光杰. 城市水环境质量问题与改善措施[J]. 城市建设与发展,2005,5(4):35-38.

[246] 张志强,左其亭,马军霞. 最严格水资源管理制度的和谐论解读[J]. 南水北调与水利科技,2013,11(6):1-5.

[247] 张自杰,林荣忱. 排水工程:下册[M]. 4版. 北京:中国建筑工业出版社,2000.

[248] 章君,王伟. 长江上游流域河长制绩效考核体系构建研究[J]. 上海市经济管理干部学院学报,2021,19(2):21-26.

[249] 赵进勇,彭文启,丁洋,等. 流域视角下的城乡河湖水环境治理"三全三可"策略及案例分析[J]. 中国水利,2020(23):9-13.

[250] 赵朔. 推进生态环境治理体系和治理能力现代化的探讨[J]. 环境保护与循环经济,2020,40(11):73-75.

[251] 赵星. 整体性治理:破解跨界水污染治理碎片化的有效路径——以太湖流域为例[J]. 江西农业学报,2017,29(8):119-123.

[252] 赵振. 氧化试剂(硝酸钙)控制黑臭底泥营养盐释放的效果研究[J]. 环境科技,2010,23(4):17-19.

[253] 郑恺原. "河长制"在太湖流域苏南地区治理成效探讨[J]. 地下水,2020,42(1):166-167.

[254] 郑若楠. 地方政府生态环境治理能力现代化问题与路径选择[J]. 经济师,2021(3):14-15.

[255] 中共中央办公厅,国务院办公厅. 关于全面推行河长制的意见[J]. 中国水利,2016(23):4-5.

[256] 中国环境年鉴. 1998年度太湖、滇池湖体主要污染指标浓度及水质类别[M]. 北京:中国环境年鉴社,2000.

[257] 中华人民共和国环境保护部. 全国水环境质量总体向好部分支流污染严重[EB/OL]. [2018-06-09]. http://www. ce. cn/xwzx/gnsz/gdxw/201611/18/t20161118_17936312. shtml.

[258] 中华人民共和国生态环境部. 中国环境状况公报2019年[R]. 北京:中华人民共和国生态环境部,2019.

[259] 中华人民共和国环境保护部. 全国水环境质量总体向好部分支流污染严重[EB/OL]. [2018-06-09].

[260] 钟嘉懿. 江西省河长制政策执行中存在的问题及优化对策研究[D]. 南昌:江西财经大学,2019.

[261] 周峰,吕慧华,刘长运. 江苏里下河平原城镇化背景下河网水系变化特征分析[J]. 南水北调与水利科技,2018,16(1):144-150.

[262] 周怀东,廖文根,彭文启. 水环境研究的回顾与展望[J]. 中国水利水电科学研究院学报,2008(3):215-223.

[263] 朱玫. 论河长制的发展实践与推进[J]. 环境保护,2017(Z1):58-61.

[264] 朱玫. 河长制:环境治理体系改革的破冰举措[N]. 学习时报,2017-11-20(006).

[265] 朱卫彬. "河长制"在水环境治理中的效用探析[J]. 江苏水利,2013(10):7-8.

[266] 朱罡,程胜高,安琪. 区域地表水面源污染负荷的GIS计算方法研究[J]. 湖南科技大学学报(自然科学版),2006(2):90-93.

[267] 朱国栋. 河道水环境治理工程中多方位生态修复技术的应用[J]. 农业科技与信息,2021(1):20-21.

[268] 朱星亮. 河道水环境治理中多方位生态修复技术应用研究[J]. 黑龙江水利科技,2019,47(12):179-181.

[269] 庄彤,李志超. 水环境综合治理项目中的关键问题探讨[J]. 工程技术研究,2021,6(8):204-205.

[270] 准培民,王国祥,李正魁,等. 健康水生态系统的退化及其修复——理论、技术及应用[J]. 湖泊科学,2001,13(3):193-202.

[271] 卓全录. 现代化环境治理体系构建探讨[J]. 绿色科技,2020(24):151-153.

[272] 宗建树. 用经济政策优惠配置环境资源[N]. 中国环境报,2007-07-13(5).

[273] 左其亭. 最严格水资源管理制度理论体系探讨[J]. 南水北调与水利科技,2013,11(1):34-39.

[274] 左文武. 多方位生态修复技术在河道水环境治理工程中的应用研究[J]. 中国资源综合利用,2019,37(10):145-147.